室内设计基础
与应用教程

理想·宅 编

细部设计与软装布置 部分

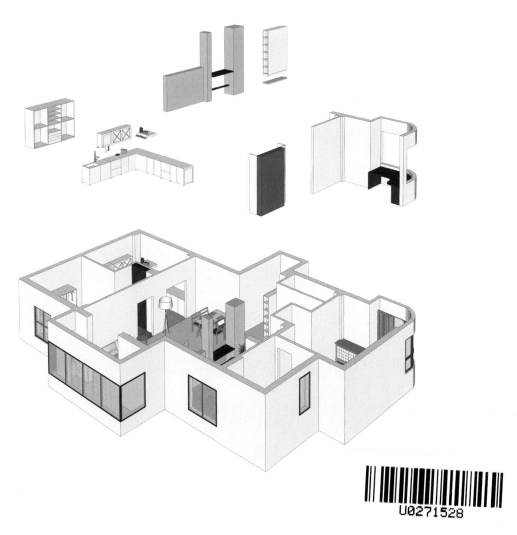

U0271528

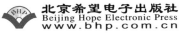

北京希望电子出版社
Beijing Hope Electronic Press
www.bhp.com.cn

目 录 CONTENTS

色彩是通过眼、脑和人们的生活经验

所产生的一种对光的视觉效应

有时人们也将物质产生不同颜色

的物理特性直接称为颜色

它可以说是一切美学的基础

是室内设计最先被人们感知的要素

在室内空间中

除了家具等物品的本体造型外

可以不设计任何其他造型

但色彩表现却不能平淡

色彩设计应"以人为本"

当人感受到不同的色彩时

会产生相应的心理活动

进而产生不同的审美感受

这就是室内色彩设计的最终目的

第一章

室内色彩表现

第一节

色彩基础概述

一、色彩构成

1. 色彩科学的建立

　　色彩的概念在原始社会就已经产生，当时的壁画、彩陶等记载了人们从事农耕、渔业、祭祀等生活场景，充分显示了人们对于色彩的浓厚兴趣。但当时人们所使用的色彩以就地取材为主，如植物浆液、矿石末、动物血液等，色彩运用是感性和随机的。

　　至1666年，英国著名的物理学家艾萨克·牛顿通过色散实验发现了色散现象，以科学的态度，证明了色彩是以色光为主体的客观存在，为颜色理论奠定了基础。在牛顿之后，很多科学家投入了对色彩的研究，以牛顿的研究为基础，进行了大量的不同的实验，建立了完整的色彩科学体系。

▲新时期时代陶器上的色彩运用。

2. 色彩的构成要素

　　色彩学家将现代色彩科学理论进行归纳后，得出了一个结论：一切色彩感觉都是客观物质与人的视觉器官相互作用的结果。也就是说，光源的光谱成分、物体的物理特征和人的生理视觉是色彩形成的三个条件，其中任何条件发生变化都对最终产生的色彩有所影响。

色散实验

在暗室中将窗留出一道缝隙，使一束阳光照射进来，并通过三棱镜投射到白墙上，光线就会被分解成红、橙、黄、绿、青、蓝、紫等七色的光束光带，这七色光束如果再通过一个三棱镜还能还原成白光。牛顿通过色散实验发现了光与色的正确关系，表明白光是由各单色光以一定比例复合形成的，不同的色光有不同的折射性能。

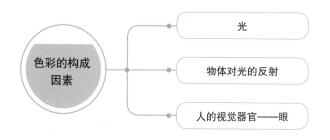

- 光
- 物体对光的反射
- 人的视觉器官——眼

色彩的构成因素

3. 光与色

牛顿之后大量的科学研究成果进一步表明，色彩是以色光为主体的客观存在，光和色彩存在密切的关系，可以说，没有光就没有色彩的存在。

光从本质上来说，是一种引起人类视觉系统明亮和色彩感觉的电磁波辐射。它有波长和强度两个要素，波长主导颜色，强度主导明暗。并不是所有波长的光波都能够被人们感知，人们可以感受到的波长即为可见光。

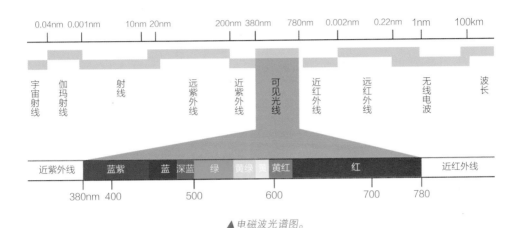

▲ 电磁波光谱图。

▲ 黑色物体，物体吸收了所有波长的色光。

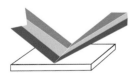

▲ 白色物体，物体反射了所有波长的色光。

▲ 红色物体，物体表面仅反射大部分的红色光。

4. 物与色

不同波长的可见光投射到物体上，物体会吸收与本身不同色的色光，反射与本身相同的色光，反射出来光刺激人的眼睛，经过视神经传递到大脑，形成了对物体的色彩信息，即人的色彩感觉。例如人们看到的黑色物体是因为表面吸收了所有波长的色光；白色物体是因为表面反射了所有波长的色光；而红色物体则是因为该物体表面只反射大部分的红色光。

不同波长的可见光反射到人们的眼睛中，会形成不同的感觉和色相，进而引起不同的视觉效应。在室内设计中，注重不同的视觉效应，才会达到引发人们不同情感共鸣的目的。

5. 光源色

光源色是指照射物体的光线所携带的色彩，可分为自然光和人造光两种类型。光源色的能量不同，光色也不同，如太阳光发白、白炽灯和烛光发黄、荧光灯发蓝等。光源色不同石的强弱、性质及所处环境，会引发物体色彩产色不同的变化，因此，在进行色彩设计时还应考虑光照对最终效果的影响。

二、色彩体系

1. 色彩的系别

形成色彩的条件略产生差别，形成的色彩就会产生变化，因此，世界上的色彩是千变万化的，但整体来说，可以将其分成无彩色系和有彩色系两种系别。

2. 无彩色系

无彩色系包括黑色、白色以及由黑白两色相融而成的各种深浅不同的灰色系。从物理学的角度看，它们不包括在可见光谱之中，因此不能称为色彩。但是从视觉生理学和心理学上来说，它们具有完整的色彩性，因此应包括在色彩体系之中。

无彩色系按照一定的变化规律，由白色渐变到浅灰、中灰、深灰直至黑色，色彩学上称为黑白系列。黑白系列中由白到黑的变化，可以用一条直线表示，一端为白，一端为黑，中间为各种灰色。

▲无色系的组成。

3. 有彩色系

有彩色是指具备光谱上某种或某些色相的色彩，统称为彩调。它包括了可见光谱中的全部色彩，以红、橙、黄、绿、蓝、紫为基本色。有彩色系中的任何一种颜色都具有三大属性，即色相、明度和纯度，也就是说一种颜色只要具有以上三种属性就属于有彩色系。

从人的肉眼对于光线的生理作用的角度来归纳，有彩色可分为：原色、间色和复色三种类型。

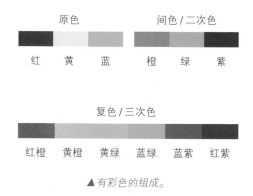

▲有彩色的组成。

三、色彩属性

1. 色相

　　色相指色彩所呈现出来的相貌、名称，如紫红、橘黄、群青、翠绿等。它是有彩色的首要特征，是区分色彩的主要依据，任何黑白灰以外的颜色都有色相的属性。自然界中各个不同的色相是无限丰富的。

　　从光学意义上讲，色相差别是由光波波长的长短产生的。即便是同一类颜色，也能分为几种色相，如黄颜色可以分为中黄、土黄、柠檬黄等，灰颜色则可以分为红灰、蓝灰、紫灰等。光谱中有红、橙、黄、绿、蓝、紫六种基本色光，人的眼睛可以分辨出约 180 种不同色相的颜色。

　　为了更直观的表现色相之间的关系，色彩学家按照光谱中色相出现的顺序将它们归纳成了环形，即色相环，也称为色环。

▲ 色彩秩序的归纳。

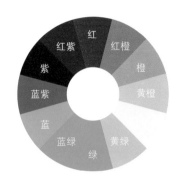

▲ 12 色色相环。

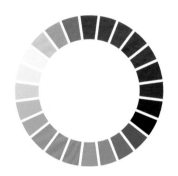

▲ 24 色色相环。

　　最初的基本色相为：红、橙、黄、绿、蓝、紫。在各色中间加插一两个中间色，其头尾色相，按光谱顺序为：红、橙红、黄橙、黄、黄绿、绿、绿蓝、蓝绿、蓝、蓝紫，紫。红紫、红和紫中再加个中间色，可制出 12 基本色相。这 12 色相的彩调变化，在光谱色感上是均匀的。如果进一步再找出其中间色，便可以得到 24 个色相。

　　如果再把光谱的红、橙黄、绿、蓝、紫诸色带圈起来，在红和紫之间插入半幅，构成环形的色相关系，即为色相环。基本色相间取中间色，即得 12 色相环。再进一步便是 24 色相环。在色相环的圆圈里，各彩调按不同角度排列，则 12 色相环每一色相间距为 30°，24 色相环每一色相间距为 15°。

● 色相环

　　色相环是指一种圆形排列的色相光谱，其上的色彩按照光谱在自然中出现的顺序来排列。色相环的种类很多，常用的有 12 色相环、CCS 基础色相环、CCS16 色相环及奥斯特瓦尔德 24 色相环等。其中 12 色相环是最具代表性的，它由原色、间色和三次色组合而成，它们之间分别可形成一个等边三角形，使人能清楚地看出色彩平衡、调和后的结果。学会绘制 12 色相的色环，是色彩设计的基础。

2. 纯度

纯度也称为艳度、彩度、鲜度或饱和度，是色彩鲜艳程度的判断标准。它表示颜色所含有色成分的比例，用百分比来衡量，100% 就是完全饱和。含有色彩成分比例越大，色彩的纯度越高，含有色成分的比例越小，色彩的纯度也越低。色彩的纯度越高，色相越明确，反之色相越弱。

所有彩色中，纯度最高的是红色，最低的是青绿色。凡是有纯度的色彩必然有相应色相感，因此，有彩色均有纯度这一属性，无彩色则没有纯度的属性。

高纯度的色相加黑或加白，就降低了该色相的纯度，同时也提高或降低该色相的明度。高纯度色相与同明度的灰色相混，形成同色相、同明度、不同程度的系列。

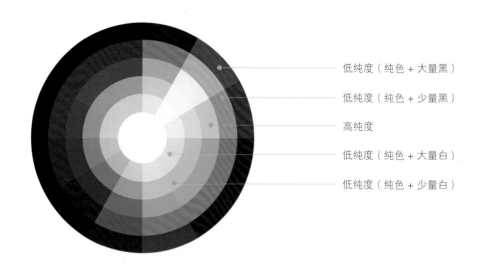

低纯度（纯色 + 大量黑）

低纯度（纯色 + 少量黑）

高纯度

低纯度（纯色 + 大量白）

低纯度（纯色 + 少量白）

▲色彩的纯度变化。

纯度高的色彩，具有鲜艳的感觉；纯度低的色彩，有素雅的感觉。在进行室内色彩设计时，通过纯度调节可控制室内的色彩感是鲜艳还是素雅。在一个色彩组合中，如果色彩之间的纯度差异大，就可塑造出艳丽、活泼的效果；如果色彩之间的纯度差异过小，则容易给人脏、灰等感觉。

▲高纯度差配色效果活泼。

▲低纯度差配色效果素雅。

3. 明度

　　明度指色彩的明暗程度，它表示色彩中所含黑、白、灰的比例。明度通常用 0% 到 100% 的百分比来衡量，0% 是黑色，100% 是白色。在无彩色系中，明度最高是白色，明度最低是黑色，灰色居中变化最多；在有彩色系中，明度最高是黄色，最暗低的是紫色，红绿色为中间明度。

　　有彩色系的色彩明度差别包括两个方面：一是指某一色相的深浅变化，如浅红、大红、深红，均为同一种色相，但越来越暗；二是指不同色相间之间的明度差，如黄色明度高于红色等。

　　通常来说，室内各装饰的色彩明度形成有两种方式：

　　（1）因光源的强弱而产生的明度变化，同一色相在强光下显得明亮，在弱光下则显得黑暗模糊。

　　（2）由于加上不同比例的黑白灰，而产生的同一色相的明度变化。

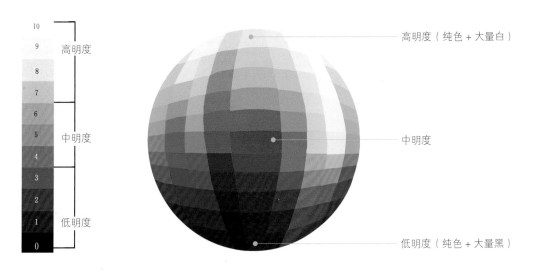

▲ 色彩的明度变化。

　　明度高的色彩，给人轻快的感觉；明度低的色彩，具有厚重的感觉。在进行室内色彩设计时，通过明度调节可控制室内的色彩感是轻快还是厚重。在一个色彩组合中，如果色彩之间的明度差距较大，可塑造出活力十足的效果；如果色彩之间的明度差距小，则可塑造出稳重、优雅的效果。

▲ 高明度差配色活力十足。

▲ 低明度差配色稳重优雅。

四、色彩角色

1. 色彩在空间中的角色

　　室内空间中，色彩不仅体现为墙、顶、地、门窗等界面位置上，还包括家具及软装等部位的色彩，繁多的数量为配色增加了难度。为了让色彩设计更易于掌控，我们引入影视剧中"角色"的观念，根据这些色彩的不同位置和面积，将室内色彩分为背景色、主角色、配角色和点缀色四种类型。

背景色：指充当背景的色彩，为室内总色彩比例的 60% 左右。它通常包括墙面、地面、顶面、门窗、地毯、窗帘等，具有奠定空间基本风格和色彩印象的作用。

主角色：指居室内主体物的色彩，如沙发、床等大型家具，为室内总色彩比例的 20% 左右。它是居室色彩的绝对中心，也是室内色彩设计的重点。

配角色：用来衬托主角色的色彩就是配角色，为室内总色彩比例的 10% 左右。重要性次于主角色，通常是充当主角色的家具旁的小家具，例如客厅中的小沙发、茶几等。

点缀色：指具有点缀作用的色彩，通常是居室中最易变化的小面积色彩，为室内总色彩比例的 10% 左右。包括工艺品、靠枕、装饰画等，主要作用是丰富层次增加活泼感。

▲ 色彩在空间中的角色。

2. 色彩角色的运用

（1）从背景色入手可使整体效果更明确

　　从背景色入手进行室内色彩设计，是最简单易行且最常用的一种方法。

　　在所有的背景界面中，墙面最引人注目，应慎重对待；顶面最不引人注目，色彩不建议过于突出。

　　通常来说，色彩柔和、舒缓的墙面，搭配白色的顶面及沉稳地面的背景色组合，最容易形成协调感；若主要墙面采用高纯度的色彩，则可塑造出活泼的氛围，适合追求个性的年轻业主。

▲ 柔和的背景色组合，更易形成协调感。

（2）根据所求氛围选择主角色

　　当主角色与背景色差距较小时，可营造出稳定、舒缓的气氛；当主角色与背景色差距较大时，可营造出活力、欢快的氛围。

　　需要注意的是，背景色和主角色之间通常来说不宜过于接近，例如墙面使用高纯度的色彩时，主角色则可选择柔和一些的色彩，才能让主角色更突出。

▲ 主角色与背景色拉开差距，才能让层次更分明。

（3）小面积角色的面积控制很重要

　　配角色和点缀色与其他两种角色相比来说，都属于小面积的角色。在进行室内色彩设计时，需特别注意它们数量和面积的控制。

　　通常来说，配角色的面积不宜超过主角色，当两者面积接近时，其醒目度应弱于主角色；点缀色也要控制面积，且单个点缀色的面积也不宜过大，只有小面积、多数量的色彩才能起到活跃空间的点缀作用。

▲ 小面积、数量多的点缀色才能起到点缀的作用。

五、色相型与色调型

1. 色相型

在同一个室内空间中，会使用多种色彩进行搭配组合。将这些色彩按照色相这一属性来分类，至少会包含2~3种，这些色相在色相环上的位置决定了它们之间的关系，用这种关系定义色彩组合的方式即为色相型，也就是某色相与某色相的组合问题。

色相型主导的是整体效果的开放或闭锁，而这种效果具体来说，则是由色相之间的关系和组合中的色彩数量决定的：色相环上色相之间的角度越小、色彩组合中色相数量越少，效果越闭锁；反之，则效果越开放。在室内空间中，背景色、主角色和配角色的色相型，基本可以决定空间的整体感觉。

根据色彩组合中的色相数量及不同色相在色相环上的关系，可以将色相型划分为同相型、类似型，对决型、准对决型，三角型、四角型和全相型等类型。

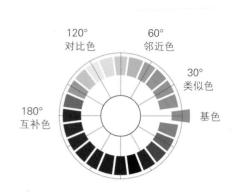

▲ 24 色相环上不同色相的关系。

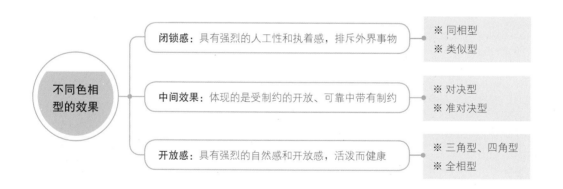

（1）同相型及类似型

同一色相中不同明度或纯度的色彩，即互为同相色，例如大红、深红、暗红、浅红、淡红等。

完全采用同相色进行配色的方式即为同相型，因为组合内的色彩均限定在同色范围内，因此在所有的色相型中，效果最为内敛和执着，具有强烈的人工性和幻想的感觉。

▲同相型组合。

类似型的色相幅度比同相型有所增长，以 24 色相环举例，4 个色相差以内的色相均为类似色，采用类似色进行配色的色相型即为类似型。但在同为冷暖色的情况下，8 个色相差以内的临近色相组合也可视为类似型。

类似型与同相型类似，均能给人稳重、平静的感觉，但它比同相型的效果更自然、舒展一些。

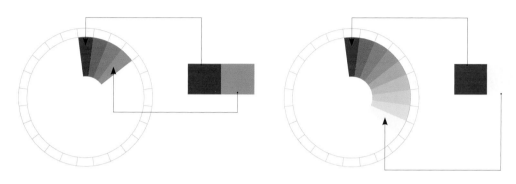

▲类似型组合。

（2）对决型及准对决型

将色相环上互为互补色的两种色相进行搭配，形成的色相型即为对决型。此种色相型色相之间的差距较大、对比强度高，具有很强的动感和开放感。

色相环上互为对比色色相的组合即为准对决，其色相差比对决型小，张力和开放感略弱。色相的选择范围介于类似型和对决型中间，比对决型的变化更多一些，如蓝色的补色是橙色，但其对比色既可以是黄色也可以是红色。

这两种色相型操作简单、效果适中，运用得当能够给人留下深刻的印象。

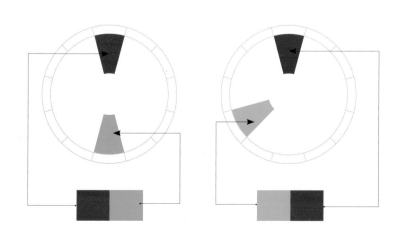

▲对决型及准对决型组合。

● 互补色

在不同的色相环上可以发现，有些色相环上红色的补色是绿色，有些色相环上红色的补色则为青色，原因是构成色相环的三原色不同。三原色可分为色光三原色红绿蓝、印刷三原色品红青黄和颜料三原色红黄蓝。

在进行室内设计时，色彩的选择多以视觉感受为参考，当注视红色较长时间时，人眼会自动脑补出绿色，因此，这里我们将红色的补色定为绿色。

（3）三角型及四角型

　　选取色相环上位于等边三角型上的三种色相，组成的色相型即为三角型。所有三角型配色中，原色的组合动感最强，复色最温和，间色居于中间。进行此种色相型的配色时，需注意只有三种在色相环上分布均衡的色相，才能彰显其特点。

　　将两组对决型色相进行组合，得到的即为四角型配色。在一组补色对比产生的紧凑感上再叠加一组，形成的是冲击力最强的色相型。

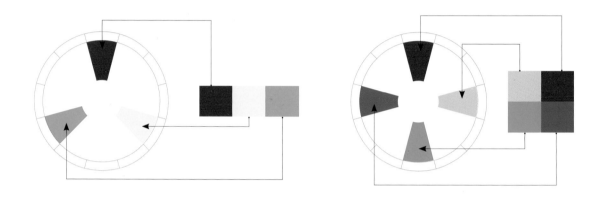

▲三角型及四角型组合。

（4）全相型

　　无任何冷暖偏颇的使用多种色相进行组合，形成的色相型即为全相型。通常情况下，色彩组合中若使用了五种色相，即可认为是全相型。

　　此种色相型具有十足的开放感，能够表现出华丽感和节日氛围，即使使用的是低明度和低纯度的色彩组合，也不会失去开放感。配色时，需注意不能过多的选择冷色或暖色，否则会变成其他类别的色相型。

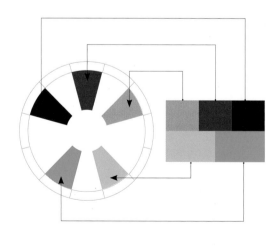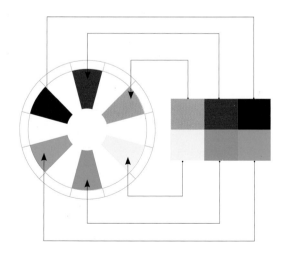

▲全相型组合。

2. 色相型的运用

（1）闭锁型可塑造稳重、平和的氛围

　　追求稳重、平和的氛围，可以采用具有闭锁感的色相型配色设计室内空间，但此类搭配容易大面积使用时很容易让人感觉单调、乏味，更建议在小范围内使用，例如主角色和配角色采用此类配色，背景色和点缀色采用柔和一些的色彩，让整体平和中带有层次感。但若追求特别执着的感觉，将其大面积使用时，可加入无色系做层次的调节。

▲ 近似型与无色系相搭配，平和、稳重而不乏层次感。

（2）中间效果的色相型，可叠加同相型丰富层次感

　　准对决型和对决型，是少数量色相的色相型中冲突感最强的组合，因为色相数量少，比较好控制效果，所以即可大面积组合也可小面积使用。但当大面积使用时，为了减小刺激感，可降低其中一种色相或全部色相的明度或纯度来调节。若设计完成后，感觉单调，可在组合中叠加其中一种或两种色相的同相型，来丰富整体配色的层次感。

▲ 不同明度的粉红色与蓝绿色组合，活泼且舒适。

（3）小空间内使用全相型，需注意纯度和面积的控制

　　在室内空间的面积较小挤的情况下，使用包含 3 种以上色相的色相型时，需注意组合中色相纯度和面积的控制，若所有色相均为纯色或 2 种为纯色同时使用面积较大，容易使人感觉更加喧闹和拥挤。此时，需注意纯色的数量和使用面积的控制，如将纯色用于点缀色上，与主角色和配角色形成色相型，更容易形成使人感觉舒适的效果。

▲ 少量小面积高纯度色相的使用，使配色开放但不喧闹。

3. 色调型

　　色调是色彩明度和纯度共同作用下的效果，色调型指某色调与某色调的组合问题。

　　色彩学专家将所有的色调进行了更加系统化、区域化的整理，让人们可以更直观的了解色调的微妙变化，这就是 PCCS 色调图。

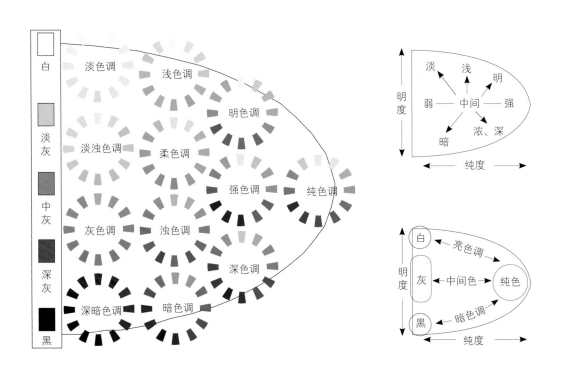

▲ *PCCS 色调图。*

（1）色调的情感意义

　　根据色相不同的纯度和明度，可以将色调总体分为 12 种类型，了解每一种色调的特点和情感意义，有利于更好的进行色调组合。

色调名称	特点	情感意义
纯色调	◎没有加入任何黑、白、灰进行调和的最纯粹的色调 ◎是最鲜艳、锐利的色调 ◎具有强烈的视觉吸引力，比较刺激	活泼、积极、鲜明、热情、健康、开放、醒目
明色调	◎纯色调中加入少量的白色形成 ◎完全不含有灰色和灰色，所以显得通透、纯净	大众、天真、单纯、快乐、舒适、纯净、明朗、舒畅

色调名称	特点	情感意义
强色调	◎纯色调中加入一点黑色形成 ◎表现出很强的力量感和豪华感，同时兼具一丝内敛感	热情、强力、动感、年轻、开朗、乐观、活泼
深色调	◎纯色调中加入一些黑色形成 ◎厚重、沉稳、内敛，并带有一点素净感	高级、成熟、浓重、充实、有用、华丽、丰富
浅色调	◎纯色调中加入一些白色形成 ◎没有加入黑色和灰色，柔和而浪漫	纤细、柔软、高档、婴儿、纯真、清淡、温顺
轻柔色调	◎纯色调中加入高明度灰色形成	雅致、温和、朦胧、高雅、温柔、和蔼、舒畅
浊色调	◎纯色调中混入中明度灰色形成 ◎能够使空间具有素净的活力感 ◎很适合表现自然、轻松的氛围	浑浊、成熟、稳重、高档、高雅、品质
暗色调	◎是在鲜艳色调中加入一些黑色形成的色调 ◎能够塑造出坚实、传统、复古的空间氛围	坚实、复古、传统、结实、安稳、古老
淡色调	◎是在鲜艳色调中加入大量白色形成的色调 ◎不含有黑色和灰色，轻柔、苍白	轻柔、浪漫、透明、简洁、天真、干净
淡浊色调	◎在鲜艳色调中加入大量的高明度灰色形成的色调 ◎感觉与淡色调接近，但比起淡色调的纯净感来说，由于加入了一点灰色，显得更优雅、高级一些	洗练、高雅、内涵、雅致、素净、女性、高级、舒畅
灰色调	◎在鲜艳色调中加入大量的深灰色混合形成的色调 ◎兼具暗色调的厚重感和浊色调的素净感，非常稳重。能够塑造出朴素的、具有品质感的氛围	成熟、朴素、优雅、古朴、安静、高档、稳重
暗灰色调	◎鲜艳色调与黑色调和后形成的色调 ◎纯色的健康与黑色的力量感结合 ◎能够体现出严肃和庄严的感觉	厚重、高级、沉稳、信赖、古朴、强力、庄严

（2）色调型

色调型决定的是空间内色彩的情感倾向，也就是一种色彩给人的感觉，例如纯正的红色让人感觉热烈、火热，而深红色则倾向于复古、厚重，淡红色则更为柔和。

在同一室内空间中，若所有色彩的色调均相同或相似，即使使用了开放型的色相型，也会让人感觉单调乏味。通常情况下，同一个室内空间中的色调至少应设计为 3~5 种，才能够组成自然、丰富的层次感。例如，背景色采用 2~3 种色调，主角色为 1 种色调，配角色的色调可与主角色相同，也可作区分，点缀色通常是与主角色或配角色差别较大的色调。

根据色彩组合中使用色调的多少，可以将色调型配色分为内敛型、开放型和丰富型三种类型。

▲单一色调组合，单调。

▲多色调组合丰富、自然。

色调型的类型

> 内敛型：由 3 种或 3 种以内色调构成的组合，能够塑造出比较稳定、舒缓的氛围。

> 开放型：由 4~5 种色调构成的组合，具有比较活泼的效果，如果同时再搭配以相同数量的色相，效果会更活泼。

> 开放型：由 5 种以上色调构成的组合，即使是少数的色相，使用丰富型的色调型，也会形成高雅中带有活泼感的效果。

（3）色相型与色调型的结合方式

在进行室内配色时，可以将色相型与色调型结合使用，利用色调的不同组合方式平衡色相组合的不足之处，通常来说有以下几种方式：

①采用同相型配色时，搭配内敛型色调型，可在维持内敛感的同时丰富层次感。

②当采用开放型色相型感觉过于刺激时，可减弱色调，并搭配内敛型色调型，来减弱刺激感。

③当色彩组合使人感觉单调但不想增加色相数量时，使用开放型色调型即可增加整体层次感。

④塑造比较沉稳或朴素的效果时，使用开放型色调组合，可避免产生单调感。

▲同相型配色，追求内敛感，可搭配内敛型色调型。

▲四角型色相型减弱色调，并减小色调差后，刺激感降低。

▲色相型色调接近感觉单调，调整色调型后，层次变得丰富。

4. 色调型的运用

（1）不同人群适合选择不同的主色调

在色调型组合中，大面积的色调为主色调，具有引领空间情感基调的作用。在选择它时，可从居住人群的性别、年龄等因素出发，更容易使居住者具有归属感。如明色调和淡色调个性不强，适合多数人群，两口之家、三口之家或二代同堂等，都可以用淡色调或淡浊色调作为主色调；而纯色调、明色调和强色调，具有很强的动感和活泼感，非常适合儿童或追求个性的年轻人，为了减轻其刺激感，可加入无色系调节，或仅用在主要部位，如沙发墙和沙发或沙发和地毯等。

◀空间以淡色调和淡浊色调为主，给人舒适、平和的基调，符合多数人的审美，也适合年龄跨度大的家庭。

（2）根据使用部位的面积选择适合的色调

通常来说，一个空间内的每种色调，都宜结合使用部位的面积进行选择。界面或物体占据的面积越大，其色调应越柔和，面积越小，则可越醒目。如背景色，若使用纯色调，易使人感觉刺激而不利于身心健康，更建议选择柔和的色调，但若喜欢醒目的色调，可少量在局部墙面上使用。

▶ 占据最大面积的墙面，大部分以淡色调为主，仅在主题墙部位使用了浊色调，此种搭配主次分明且使人感觉十分舒适。

第二节

色彩的效应

一、色彩的物理效应

1. 色彩物理效应的体现

色彩对人引起的视觉效果反映在物理性质方面，表现为冷暖、远近、轻重、大小等，这不但是由于物体本身对光的吸收和反射不同的结果，而且还存在着物体间的相互作用的关系所形成的错觉，色彩的物理作用在室内设计中可以大显身手。

2. 色彩的温度感

在色彩学中，根据不同色相给人温度感知上的差异，把不同色相的色彩分为暖色、冷色和温色三种类型。

从红紫、红、橙、黄到黄绿色都属于暖色，其中以橙色的热感最强；从青紫、青至青绿色称冷色，以青色为最冷；紫色是红（暖色）与青色（冷色）混合而成，绿色是黄（暖色）与青（冷色）混合而成，因此是温色。这和人类长期的感觉经验是一致的。

但是色彩的冷暖既有绝对性，也有相对性，愈靠近橙色，色感愈热，愈靠近青色，色感愈冷。如红比红橙较冷，红比紫较热，但不能说红是冷色。

在进行室内色彩设计时，即可以利用色彩的温度感，使人产生不同的感受，来增强室内整体设计的舒适感。

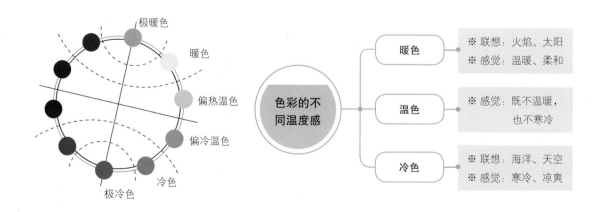

▲ 不同色相的温度感。

3. 色彩的距离感

色彩可以使人感觉进退、凹凸、远近的不同。一般暖色系和明度高的色彩具有前进、凸出、接近的效果，而冷色系和明度较低的色彩则具有后退、凹进、远离的效果。室内设计中常利用色彩的这些特点去改变空间的大小和高低。

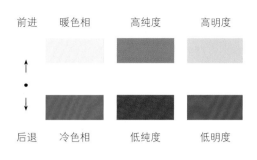

▲色彩的距离感。

4. 色彩的重量感

色彩的重量感主要取决于色彩的明度和纯度，明度和纯度高的色彩显得轻，反之，显得厚重。使人感觉轻，具有上升感的色彩，称为轻色；与轻色相对的是，有些色彩让人感觉重量很重，有下沉感，称为重色。在室内色彩设计中，常利用色彩的重量感达到平衡和稳定的需要，以及表现轻飘、庄重等效果。

通过比较可以发现，在色相相同的条件下，明度越高的色彩上升感越强，在所有色彩中，无色系的白色是让人最轻的色彩；而在冷暖色相相同纯度和明度的情况下，暖色有上升感，使人感觉较轻，冷色则与之相反。

所有的色彩中，无色系的黑色重量感最强，而将彩色系的不同色相作比较可以发现，在相同色相的情况下，明度低的色彩比较重；相同纯度和明度的情况下，冷色系感觉重。

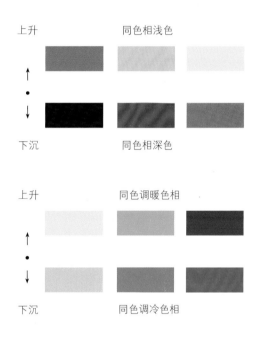

▲色彩的重量感。

5. 色彩的尺度感

除以上几方面的物理效应外，色彩还能对物体的大小的尺度产生作用，这种作用体现在色相和明度两个属性方面。

暖色和明度高的色彩具有扩散作用，可使物体显得比本体大，而冷色和暗色则具有内聚作用，可以使物体显得比本体小。

不同的明度和冷暖有时也通过对比作用显示出来，室内不同家具、物体的大小和整个室内空间的色彩处理有密切的关系，可以利用色彩来改变物体的尺度、体积和空间感，使室内各部分之间关系更为协调。

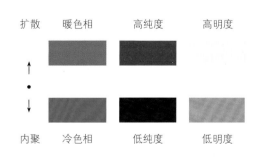

▲色彩的尺度感。

6. 色彩物理效应的运用

（1）色彩的温度感可改善氛围

　　调节室内的温感主要依靠的是色彩的冷暖感觉，如冬季较寒冷的地区，室内可选择红、黄等暖色做装饰，为了避免刺激，明度可以略低一些；夏季较炎热的地区，则可选择蓝绿、蓝、蓝紫等冷色，明度可相对高一些。除此之外，对于光照特别充足的房间，可以冷色为主，而光照少的房间则建议选择暖色为主。但气候具有变化性，因此，色彩方案建议根据所在地区的常态来设计，或将调节温度感的色彩用在易于更换的软装上。

◀光照特别充足的房间内，墙面以冷色系为主，可以降低日晒带来的燥热感，使人感觉更舒适。

（2）利用色彩的距离感，可调节空间比例

　　在一些长宽比例差距大的空间中，如狭长的空间，将前进色用在尽头的墙面上，或者在远距离的地方使用前进色的家具；两侧墙面选择后褪色，或在尽头墙面选择前进色，都能改善空间的比例，使其在视觉上更接近方形。

▶ 客厅较狭长且面积小，墙面以白色为主来凸显宽敞感，但位于一端的电视墙则使用了空间内相对来说的前进色，让视觉上的空间比例变得更舒适。

（3）利用色彩的重量感，可调整室内高度或增加动感

　　高度较低矮的空间，可利用色彩的轻重来调整。顶面使用白色或轻色，地面使用重色，墙面居于两者中间，通过视觉差，即可拉伸视觉上的高度；除此之外，色彩的重量感还能调节居室氛围，顶面和部分墙面使用轻色、部分墙面或主体家具使用重色时，重色部分会使人感觉有下坠的走势，在实际运用中，很适合冷色系或厚重色为主的居室，即使不使用纯色点缀也能让整体氛围具有动感。

▲ 重色放在墙面部分，为素净的空间增添了一些动感。

（4）利用色彩的尺度感可扩大或缩小空间的视觉面积

　　面积较小的空间中，可以在长度短的一侧墙面上使用具有内聚作用的颜色，或墙面使用白色或接近白色的浅色，搭配内聚色的家具，即可从视觉上使空间显得更宽敞。例如用淡蓝色的墙面，搭配深蓝绿色的沙发，用在小客厅，就可以减弱拥挤感。

　　还有一些面积特别宽敞的空间，可以将具有扩散作用的色彩用在部分墙面上，或用在主体家具上，其他部分的色彩与其做明度或色相的对比，即可减弱空旷、寂寥的感觉。

▲ 小面积的客厅，使用内橘色的窗帘和家具，可让空间面积显得宽敞一些。

二、色彩对人的生理和心理反应

1. 色彩对人生理的作用

　　色彩通过视觉器官对人产生刺激后，能够引起一定的生理变化。如和谐美丽的色彩，可以协调人的血液流量和神经通络，使人精神愉快。相反，刺激性太大、杂乱的色彩，会使人精神不振，健康受到损害。在进行室内色彩设计时，适当运用色彩，可有效地缓解人的肌体疲劳和心理压力。

色彩名称	生理作用	适合人群	建议使用部位
红色	◎刺激和兴奋神经系统 ◎会使脑垂体处于高速的运转状态 ◎有助于增强心理和生理能量	◎血脉失调 ◎贫血	◎部分墙面 ◎家具 ◎软装
蓝色	◎降低血压，减慢脉搏 ◎调整体内平衡 ◎消除紧张情绪	◎高血压 ◎易紧张、易怒	◎墙面 ◎家具 ◎软装
绿色	◎有利于思考的集中，可提高工作效率 ◎提高人的听觉感受性 ◎消除疲劳，镇定精神，降低血压 ◎有益消化，可促进身体机能平衡	◎高血压 ◎易紧张、易怒 ◎消化不良 ◎精力不易集中	◎墙面 ◎家具 ◎软装
黄色	◎刺激神经和消化系统 ◎加强逻辑思维 ◎治疗失眠健忘 ◎消除或减轻苦闷情绪	◎血脉失调 ◎逻辑思维弱 ◎失眠、健忘	◎部分墙面 ◎家具 ◎软装
紫色	◎对运动神经、淋巴系统和心脏系统有抑 　制作用 ◎可使人安静	◎神经错乱 ◎易暴躁、易怒	◎部分墙面 ◎家具 ◎软装
粉红色	◎减少肾上腺素，减轻焦虑 ◎使心脏活动变慢，肌肉放松 ◎具有放松和安抚情绪的效果	◎严重焦虑 ◎神经紧张 ◎易暴躁、易怒	◎墙面 ◎家具 ◎软装
橙色	◎刺激和兴奋神经系统 ◎诱发食欲 ◎提高工作效率	◎食欲低下 ◎精神压力大 ◎工作效率低下	◎部分墙面 ◎家具 ◎软装

2.色彩对人的心理反应

（1）色彩的兴奋感与沉静感

　　色彩的兴奋感与沉静感与色相、明度和纯度均有关系。暖色均具有兴奋感，冷色具有沉静感；高明度、高纯度的色彩具有兴奋感，低明度、低纯度的色彩则具有沉静感。将这三种属性综合起来看，暖色系中明度和纯度最高的色彩兴奋感最强，冷色系中明度和纯度最低的色彩沉静感最强。除此之外，强对比的色彩组合具有兴奋感，而弱对比的色彩组合则具有沉静感。

　　在进行室内色彩设计时，可根据居住者的性格和空间的功能性来决定色彩的兴奋与沉静，如从事家庭活动的公共区及儿童房，可多采用一些能够使人具有兴奋感的色彩，以引发人的兴奋心理，调动活动的积极性；而卧室、书房等需要静谧氛围的区域，则更适合以具有沉静感的色彩为主，使人可迅速的沉静下来，进入工作或休息状态中。

▲客厅作为公共区可适当多使用一些具有兴奋感的色彩。　　▲主卧室需要安静的氛围，宜多使用具有沉静感的色彩。

（2）色彩的华丽感与朴素感

　　色彩的华丽感与朴素感受纯度的影响最大，其次是明度。鲜艳且明亮的颜色具有华丽感，浑浊而深暗的颜色具有朴素感；有彩色使人感觉华丽，而无彩色则使人感觉朴素。除此之外，强对比的色彩组合具有华丽感，而弱对比的色彩组合则具有朴素感。在实际运用中，可结合居住者的需求来选择具有对应心理反应的色彩设计形式。

▲以高彩度为主的色彩设计，具有浓郁的华丽感。　　▲弱对比的色彩组合，具有温馨而朴素的氛围。

三、色相的含义和象征性

1. 红色

红色的波长最长，穿透力强，感知度高，是最强有力且最引人注目的色彩。它具有温暖、兴奋、活泼、热情、积极、希望、健康、充实、饱满、幸福等向上的倾向，但同时也被认为是幼稚、原始、暴力、威胁、卑俗的象征。

红色很适合用来表现喜庆的氛围、活泼感，同时还具有时尚气质。与浅黄色搭配最协调，与奶黄色、灰色为中性搭配。由于其色感刺激强烈，在色彩配合中常起着主色和重要的调和对比作用。

◀以红色为主装饰空间，可烘托出活力、喜庆的氛围。当大面积使用时容易使人感觉刺激，可略降低一些纯度。

2. 黄色

黄色是所有色相中明度最高的色彩，注目性高、比较温和。它给人以光明、活泼、轻快的感觉，具有明朗、快活、自信、希望、高贵、警惕的特征。

黄色与绿色组合搭配，会显得很有朝气和活力；黄色与蓝色相配，显得美丽、清新。

▶ 在空间中加入较为纯正的黄色，能够增添活泼、轻快的感觉，使整体气氛变得活跃起来。

3. 橙色

橙色具有红与黄之间的特性，其刺激作用没有红色大，但它的注目性也很高，既有红色的热情，又有黄色的光明、活泼的性格。具有温暖、华丽、甜蜜、兴奋、冲动、力量充沛的象征，同时给人以暴躁、嫉妒、疑惑、悲伤的心理。

橙色与浅绿色或浅蓝色相配，可以构成最欢快的效果；与淡黄色相配有一种很舒服的过渡感。

◀橙色的加入，为原本素净的空间，增添了活力。加入了一点淡黄色与其相配，减弱了橙色的突兀感，使整体配色更舒服。

4. 绿色

绿色观感舒适、温和，常令人联想起葱翠的森林、草坪等自然事物。具有自然、新鲜、平静、安逸、安心、和平、可靠、理智、纯朴等象征性。

绿色宽容、大度，几乎能容纳所有的颜色。与红色、紫色等组合时，忌面积均等。

◀用不同纯度的绿色相组合，配合木质材料，使居室内充满了自然、舒适的气氛。

5. 蓝色

蓝色对视觉器官的刺激比较弱，具有和平、安静、永恒、清爽、悠久、可靠、理性、冷静等象征，同时蓝色也有另一面的性格，比如消极、冷淡、保守、刻板、冷漠、悲哀、恐惧等。

蓝色和白色搭配组合，可渲染清新、淡雅兼具浪漫感的气氛，使人感觉平静、理智，能够减小人的压力；蓝色与黄色相配，对比度大，较为明快。

◀空间中用不同的蓝色与白色相配，表现出了明朗、清爽与洁净的感觉。

6. 紫色

紫色象征优美、高贵、尊严，另外，又有孤独、神秘等意味。淡紫色有高雅和魔力的感觉，深紫色则有沉重、庄严的感觉。

紫色与红色配合显得华丽和谐，与蓝色配合显得华贵低沉，与绿色配合显得热情成熟，运用得当能构成新颖别致的效果。

▶ 紫色与浅灰色组合，具有高贵、优雅的感觉，同时还具有明显的女性气质。

7. 黑色

黑色是无色相无纯度的颜色，和白色相比给人以暖的感觉。具有神秘、深沉、寂静、坚硬、沉默、绝望、悲哀、严肃等象征意义。

黑色本身无刺激性，但与其他颜色配合，能增加刺激。黑色单独存在时，装修性较差，但是与其他颜色配合时，却均能取得很好的效果。无论什么色彩特别是鲜艳的纯色与黑色相配，都能取得赏心悦目的良好效果，但是不能大面积的使用，否则，不但其魅力大大减弱，相反会产生压抑、阴沉的恐怖感。

▲ 弱对比的色彩组合，具有温馨而朴素的氛围。

8. 白色

白色是明度最高的颜色，常给人以光明、纯真、高尚、恬静等感觉。它具有明亮干净、畅快、朴素、雅致、贞洁、高级、科技等象征意义。

在白色的衬托下，其他颜色会显得更加鲜亮、明朗。但是白色不宜使用过多，会显得平淡无味、空虚。

9. 灰色

灰色是最被动的色彩，也是彻底的中性色。靠近鲜艳的暖色，则表现出偏冷的感觉；靠近冷色，又表现偏暖的感觉。它具有柔和、细致、平稳、朴素、理智、谦让等象征意义。灰色总是伴随周围颜色的变化而改变自身的相貌。

灰色不像黑色和白色那样会明显影响其他色彩，所以是非常理想的背景色彩。

▲ 以白色为主装饰空间，具有明亮、高级的感觉。

▲ 用浅灰色作为背景色，柔和且具有极强的容纳力。

室内配色的要求与方法

一、室内配色基本要求

1. 处理好色彩之间的关系

孤立的颜色无所谓美或不美，只有组合的色彩才会存在是否协调的问题，进而产生是否美观的问题。在一个室内空间中，色彩是不可能单独存在的，因此可以说，室内配色的根本问题是色彩的搭配组合问题，这是室内色彩效果优劣的关键。

就这个意义上说，任何颜色都没有高低贵贱之分，只有不恰当的配色，而没有不可用之颜色。色彩效果取决于不同颜色之间的相互关系，同一颜色在不同的背景条件下，其色彩效果可以迥然不同，这是色彩所特有的敏感性和依存性，因此如何处理好色彩之间的协调关系，就成为配色的关键问题。

▲以容纳力极强的灰色搭配棕色和白色为主，黄色和粉色少量点缀，具有很强的协调感和高级感。

2. 与空间的功能性相符

进行室内配色时，根据空间不同的使用目的，在考虑色彩的要求、居住者性格的体现、气氛的形成等这些因素时，应予以区别对待。例如，客厅、餐厅属于公共区域，用于家庭活动或招待客人，色彩搭配相对其他空间来说可活泼一些，以调动人活动的主动性；而主卧室则属于私密的休息空间，更需要温馨和安静的气氛。

▲餐厅用黄色座椅，即可活跃氛围又具有促进食欲的作用。　▲主卧室以灰色组合蓝色，雅致且符合卧室的使用功能。

3. 满足不同方位的设色需求

不同方位在自然光线作用下的色彩是不同的，冷暖感也有差别，因此，可利用色彩来进行调整。此部分在色彩的物理作用中详细阐述过，总的来说，可理解为光线过于充足的、使人感觉燥热的墙面和空间，可用冷色来调节；反之，可用暖色来平衡。

▲床头墙位于阳光直射区，使用冷色可减轻燥热感。　▲餐厅没有阳光直射，以暖色为主可让人感觉更温暖。

4. 与使用者特征相符

　　老人、小孩、男、女，对色彩的要求有很大的区别，色彩应适合居住者的爱好。如儿童和老人对配色就有很鲜明的区别，儿童正处于非常活泼好动的年龄，更适合使用比较活泼的色彩组合，而老年人的身体机能退化，因此比较喜静，装饰他们的房间时，更适合以舒缓、安静的色彩为主。

▲房间内的配色具有十足的活泼感，很适合儿童。　　　　▲老人房以灰色、白色和米色组合，舒缓而又安静。

　　男性总体来说，给人有力量、理智的感觉，因此，单身男性空间通常适合以冷色系、无色系或低明度的暖色等色彩为主；女性总体来说，给人柔美的印象，因此，单身女性空间通常适合以暖色、高明度的冷色和高明度的灰色等色彩为主。

▲以低明度暖色搭配灰色为主，表现出了男性的力量感。　　▲淡蓝色搭配粉色和白色，具有梦幻感，具有女性特点。

5. 考虑空间的使用时长

对室内空间进行配色时，还需考虑空间的使用时长，长时间使用的房间的色彩对视觉的作用，应比短时间使用的房间强得多。色彩的色相、彩度对比等的考虑也存在着差别，对长时间活动的空间，主要应考虑不产生视觉疲劳。例如，短时间内使用的休闲室，可选择具有活力感的色相，及强对比组合，而长时间使用的学习、休息的空间中，则应以温和的色彩对比组合为主，以减轻对人的视觉刺激，增强安全感和舒适感。

▲床头墙位于阳光直射区，使用冷色可减轻燥热感。　　▲客厅属于长时间活动区域，因此使用了弱对比配色组合。

6. 考虑色彩对空间的调整作用

对形式上存在不足的空间，如小空间、空旷的空间、狭长的空间、低矮的空间等，在进行配色设计时，还需考虑不同色彩对空间的调整作用，包括色彩的距离感、重量感、尺度感等，如小空间尽量以具有内聚和后退作用的色彩为主，大空间尽量以具有扩散和前进作用的色彩为主等。

▲小卧室床头墙使用内聚色，可使空间更宽敞一些。　　▲淡粉色沙发相对来说具有扩散作用，适合用在大客厅内。

7. 满足使用者对于色彩的偏爱

一般说来，在符合其他配色原则的前提下，室内的配色设计，还应该合理地满足不同使用者的爱好和个性，才能符合使用者心理要求。如个性活泼的人群，通常会喜欢具有活力感的色彩，在配色时，即可适当使用高纯度暖色做点缀。

二、调和配色法

1. 调和配色法

（1）靠近明度

　　靠近色彩明度是一种可以在不改变原有氛围及色相搭配类型情况下的一种融合方式，具体方法为调整突兀色彩的明度，来减少混乱感。在相同数量的色彩情况下，明度靠近的搭配要比明度差大的一种更加安稳、柔和。减小色彩之间的明度差，可以收敛明度差过大造成的不安定感。

▲橙色和黄色的茶几明度与沙发差距较大，活泼但显得有些突兀。　▲色相不变，将茶几更换为明度低一些的款式后，仍活泼但突兀感有所降低。

（2）靠近色调

　　相同的色调给人同样的感觉，例如淡雅的色调均柔和、甜美，浓色调给人沉稳、内敛的感觉等。因此，无论使用何种色相组合方式，只要采用相同的色调进行搭配，就能够融合、统一。在不改变色相型的前提下，可以改变所用色彩的色调使它们靠近，塑造具有调和感的视觉效果。

　　在调整色调进行融合时，可以保留主角色的色调，将其他角色的色调靠近，这样既能够凸显主角色，又不会过于单调。

▲靠枕的色调虽然醒目，但与其他部位搭配不协调，使人感觉过于突兀。　▲更换为与床头和床品的色调更接近的靠枕后，给人感觉更舒适。

（3）添加同相色或近似色

此种调和配色法，适用于室内某种色彩过少或组合色彩之间的对比过于强烈，使人感到尖锐、不舒服的情况。进行调和时，可选取室内的某一种或两种角色，添加与其为同类型或类似型的色彩，就可以在不改变整体感觉的同时，减弱对比和尖锐感。所选取的色彩角色，通常建议为主角色及配角色，更容易取得理想的效果。

▲蓝色靠枕与红色靠枕为对比色，虽然不激烈，但使人感觉比较突兀。

▲增加了位于红色和蓝色中间的粉色做调和后，整体感觉更舒适。

（4）增加数量重复融合

当一种非常突出的色彩单独使用而与周围其他色彩没有联系时，就会给人不融合的感觉，若增几个同样颜色的装饰，使其重复的出现在同一个空间中，就能够互相呼应，形成整体感，这就是重复性融合。这种调和方式适合用来调节室内任何让人感觉突兀的角色，且非常简单、快捷。

▲橘红色的沙发非常醒目，但与室内其他色彩没有联系，过于孤立。

▲其他部位使用同色的装饰后，形成了重复性融合，不再使人感觉突兀。

（5）渐变提高融合感

　　色彩的渐变分为色相的渐变和色调的渐变两种，前者根据色相环上的位置发生变化，后者根据色彩的明暗程度发生变化，无论哪一种，只要按照一定的顺序排列就能够给人稳定的感觉，当色彩角色色相差或明度差较大时，可以增加中间色形成渐变来进行调节。

▲靠枕按照对比色的顺序排列，活力感很强，但让人感觉略混乱。　　▲彩色靠枕按照色相环上的临近位置排列后，形成渐变融合，更稳定。

（6）群化统一

　　将临近物体的色彩选择色相、明度、纯度等某一个色彩属性进行共同化，塑造出统一的效果就是群化。适合小范围内的调整，如点缀色之间或主角色、配角色和辅助色之间等。

　　这种方式可以使室内的多种颜色形成独特的平衡感，同时仍然保留着丰富的层次感，但不会显得杂乱无序。

▲粉色茶几的纯度较高，与大面积的明亮色组合后，感觉非常刺激。　　▲将粉色茶几的纯度和明度做调整，使其接近沙发后，更具融合感。

2. 调和配色法的运用

（1）设计少数色组合时，调和色彩时应注意层次的控制

在同一个空间中的色彩，当配色组合中的色彩数量较少时，如仅有 3 种彩色，如果某一属性过于靠近，就会缺乏层次感，容易让人感觉单调乏味。

因此，在进行色彩调和时，除注意色彩之间的协调性和统一性的同时，还应考虑层次的控制，调整时，把控好主次位置，以避免调和过大，而使效果过于平淡。

▲ 沙发与墙面的明度靠近，但沙发作为主角色的明度更高一些，主次层次清晰、稳定。

（2）靠近色调不适合少数色色彩组合

在同一个空间中，由色彩数量过多而引起混乱时，采用靠近色调的调节方式能够表现出统一中具有变化的感觉。

但应注意的是，此种方式不太适用于一个空间中色彩数量较少的情况，少数色组合时，色调同时靠近的调节力度很难控制，很容易产生乏味感。此时，更适合选明度或纯度中的某一个属性来进行调和。

▲ 色彩数量多并显得混乱时，更适合靠近色调来调和。

（3）群化按照属性分组更容易掌控

当选择以群化的方式来规整色彩使其具有融合感时，可以将所有色彩按照色彩的某一属性来进行分组，按照规律摆放，更容易获得统一感，还可避免层次的混乱。

例如将鲜艳的颜色按照冷暖分组，形成两组大的对比，就比随意的混放要感觉稳定。

▲ 将所有彩色群化后，按照色彩的冷暖来摆放，使人感觉更协调。

三、无彩色配色法

1. 无彩色内部组合

无彩色内部配色法，指以无彩色为主，不加入其他色彩或少量加入低明度色彩的配色方式，如黑白灰组合、黑白灰 + 棕色组合等。此种配色通常是以白色或高明度的灰色作为背景色，黑色或低明度灰色做主角色或其他少面积用色，适当加入金色或银色做调节，能够丰富层次感并增强时尚性。

无彩色中黑白两色具有最高明度差，可以将它们的位置靠近，来活跃整体氛围，避免产生过于肃静的感觉。

▲高明度差的无色系组合，素雅而又不乏灵动感，金色的加入增添了时尚感。

2. 阻隔融合法

无彩色具有阻断作用，可使多种彩色的组合变得更具融合感，就是说当多种纯度较高的色彩放在一起时往往会让人感觉很刺激，此时，就可以在它们之间加入无色系，来降低刺激感，黑色或白色的这种作用更明显一些。

实际运用中，如想将多彩靠垫堆在一起但又觉得过于强烈时，就可以加入无色靠垫在两色或三色中间，发挥阻隔作用使之产生融合感。

◀黄色、红色、蓝色之间用无色系中的灰色来阻断，使纯度略高的色彩之间产生了很强的融合感。

3. 凸显焦点法

某种色彩与黑色或白色放在一起时，这种色彩本身的特质就会变得更加突出。利用这种特点，在室内配色设计中，可使配色的特点更凸显。

实际运用中，可利用凸显作用来聚焦视线，例如将橙色靠枕放在白色或黑色沙发上，橙色的动感会更强烈。

▲即使是低明度的橙红色靠枕，放在灰色和白色组合的床上，其动感也非常强烈，使人的视线第一时间被吸引到空间主体部位上。

四、突出主角配色法

1. 改变主角色

（1）提高主角色纯度

当主角色的纯度比较低而使其不够突出时，可以改变它的纯度，增强与其他角色的纯度差，鲜艳的色彩自然比灰暗的色彩更能聚焦视线，主体地位也就变得强势起来。

选取差距越大的明度进行组合，效果越活泼；反之，明度差距越小，效果越内敛，黑、白组合是明度对比的两个极端。

▲暗黄色沙发的纯度过低，在鲜艳的配角色和点缀色的对比下，不够突出。

▲将沙发更换为高纯度的黄色后，其主角地位立刻凸显出来，整体配色也让人感觉更稳定。

（2）改变主角色明度

当主角色与背景色或配角色之间的明度比较接近而让主角色不够突出时，可以改变主角色的明度，通过明暗对比来强化主角色的主体地位。需注意即使同为纯色，不同的色相明度也不相同。

如果在深色的背景前搭配家具，想要突出主角，就需要搭配明度高的色彩；在明度高的背景前，搭配明度低的家具也能取得同样的效果。

▲蓝色沙发的明度较高，与白色背景的明度差别较小，主角地位不够突出。

▲改变沙发的明度，变成深蓝色后，沙发与白色背景的明度差增加，主角地位更明显。

2. 改变其他角色

（1）增强色相型

　　位置越临近的色相，组成的色相型，对比感就越弱。当在一个空间内使用的色彩较少的情况下，感觉色相型不突出，可以改变主角色、配角色或点缀色的色相，通过增强配色的色相型来使主角色主体地位更突出。

▲沙发上的靠枕，以红色和黄色为主，为近似色组合，色相差较小。

▲改变其中一个靠枕的颜色，将整个组合改成三角型组合，色相型更强，沙发的主体地位更突出。

（2）增加点缀色

　　主角色选择一些浅色或与背景色过于接近时，它的主体地位容易显得不够突出。在不改变主角色的前提下，可以通过在主角色上，增加比较突出的点缀色的方式，来凸显其主体地位。

　　此种调整方式不仅能够突出主角色，还能使整体配色更有深度。

▲作为主角色的沙发，与背景色墙面同为灰色，且明度差较小，主角色的主体地位不够突出。　▲改变沙发上的靠枕颜色，变成更为突出的点缀色后，沙发的主角地位变得更明确。

（3）改变背景色或配角色

　　除了年轻人外，其他人群的家居中很少会使用比较鲜艳的主角色，更多的会使用素雅的色彩，此时如果配色时没有兼顾整体，很容易让其他角色过于强势，导致主角色的弱势。可以将突出的背景色或配角色通过改变明度或纯度的方式来稍加抑制，让主角色的中心地位凸显出来。

▲作为配角色的红色沙发过于鲜艳，抢夺了主角色的主角地位。　▲将配角色的纯度降低后，与主角色成互相衬托之势，主角色的主角地位更突出。

3. 突出主角色配色法的运用

（1）为主角色增加点缀色是最便捷的方式

　　增加点缀色以突显主角色的方法无论大空间还是小空间都可以使用，它无须大动干戈的改变主角色的色彩就可以达到目的。

　　其中最容易实施的就是给作为主角色的物体增加几个色彩突出的靠垫，例如在主体地位不是很突出的沙发上，摆放几个彩色靠枕，沙发的主体地位立刻会变得更加清晰。

▲灰色沙发增加点缀色后，立刻变得醒目。

（2）增加点缀色需注意面积的控制

　　虽然增加点缀色以突出主角色的方式最简单，但操作时也应注意其面积的控制，如果点缀色超过了一定的面积后，容易转变为配角色，并改变空间中原有配色的色相型。

　　同时点缀色不可一味地追求鲜明，还宜结合整体氛围进行选择，如果追求淡雅、平和的效果，就不适合增加艳丽的色彩，可选择高明度、低纯度类型的色彩。

▲为主角色增加的点缀色，总体面积不能过大。

（3）提高纯度不适合无色系组合

　　由于无色系的色彩没有纯度的属性，因此，当室内空间的配色，以黑、白、灰等无色系作为主时，出现主角色不够突出的情况，就不能采用提高纯度的方式来调节。这种情况下，就可以选择增大明度差、增加点缀色或抑制其他角色的办法来让主角色更突出。

▲无色系没有纯度，可通过调节明度差来凸显主角色。

从光与色彩的关系的基础上

我们可以看出

光是人们对外界视觉感受的前提

没有光就没有一切

在室内空间中

无论是色彩、外形还是材质

均需要有光才能够被人们感知

而且

光还是美化空间的重要因素

是设计的重要组成部分

因此

在进行室内设计时

应将室内采光照明设计作为重点之一

认真对待

第二章
室内采光照明
设计

第一节

采光照明基础概述

一、光的特性与视觉效应

1. 光的特性与视觉效应

（1）光的特性

就人的视觉来说，没有光就没有一切，在室内设计中，光不仅是为满足人们视觉功能的需要，而且是一个重要的美学因素。

▲光对美化空间有着重要作用。

光可以形成空间，改变空间或者破坏空间，它对人的多方面感知均会产生一定的影响。近年来的研究证明，光还影响人体细胞的再生长、激素的产生、腺体的分泌以及如体温、身体的活动和食物的消耗等的生理节奏。

因此，室内照明是室内设计的重要组成部分之一，在设计之初就应该加以考虑。

物体有发光体和非发光体两种。

发光体如太阳、电灯、荧光屏等，它们本身就是光源；非发光体则很多，在室内设计中，常见的如砖石、皮革、布料、玻璃等，这些物体在光源的作用下会产生反射、透射和吸收光线等现象，人们通过光对物体的作用而获得对该物体的视觉印象。

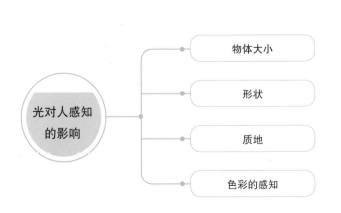

光对人感知的影响
- 物体大小
- 形状
- 质地
- 色彩的感知

● 光

光像人们已知的电磁能一样，是一种能的特殊形式，是具运动的电磁辐射的巨大的连续统一体中的很狭小的一部分。这种射线按其波长是可以度量的，它规定的度量单位是纳米（nm）。

人们谈到光，经常以波长做参考，辐射渡在它们所含的总的能量也是各不相同的，辐射波的力量与其振幅有关。

（2）光的视觉效应

　　视觉感光是人脑对光进行再处理、综合的过程，是指人在感受光时，光线由视神经传入脑，经由人脑加入心理因素和感情因素后得到结果。视觉是一个处理信息的过程，视觉环境不仅是光学的有效表面组合，人也不仅仅限于被动接受周围的环境，而是接受过程中的一个主动因素。这个综合的过程带有视觉的主观性。进行室内设计时，可以利用人们的这种心理和感情来使用光，以达到特别的效果。

　　光的视觉效应主要体现为以下三个方面：

　　一是通过光对人视觉的刺激，而产生的明暗的感知。明度是光照射视网膜的结果，反映了多光物体表面的光线反射系数。明度依赖于客观物体或光斑反差的各种条件，也依赖于眼睛的适应状态。明暗之间的突然变化会引起强烈的视觉感受。

　　在设计运用中，人对明暗的感知与物体表面的反射强度有关，在光照到物体表面的光线的强度相等时，表面越光滑，亮度越大，明暗变化就越显著。这一点很适合表现物体的立体感和空间感。同时，明暗的感知又会对人对物体的色彩感知产生一定的影响，如同一种色彩，依附于光滑质感的材质上时，人们就会感觉更明亮一些，而依附于质感粗糙的材质上时，明度就会有所降低，可以利用光的这种视觉效应，使同种色彩的层次感更丰富。

▲在光的作用下，同样的灰色由于附着材质的不同，呈现出了不同的明暗变化，极大地丰富了整体装饰的层次感。

二是光照射到不同属性的物体上，对人视觉产生的刺激。这一点在色彩构成部分曾详细讲解过。

◀ 光线照射到物体上后，因为物体反射和吸收光线的不同，在人眼中会呈现出不同的色彩。不同的色彩组合又会给人不同的感觉，如蓝色和黄色组合，具有活泼感。

三是人对光线本身色彩的感知。对光丰富的色彩知觉是人眼对光敏感的表现。对人而言，光中潜藏着色，光与色是共存的。各种照明设备因为制作方式的区别和不同的需求，会产生不同色彩的光线，这种色彩被称之为光色。在室内空间中，光色的变化不仅体现为光源本身色彩的变化，还与环境氛围等因素有关。

在考虑光色时，应将其对室内物体色彩及氛围的影响放在首位，如适当的光色可提高物体的鲜艳度，营造舒适的氛围；而不当的光色会减弱甚至使原有的色彩混浊，或使人感觉不舒适。在室内设计中，如果对光色的把握欠妥，即使材质的色彩和肌理设计得很好，也会影响整体色彩的感觉。

◀当灯光本身的色彩偏黄时，用这种光线照射空间，会使人感觉更加温馨、亲切。

2. 运用光特性的设计要点

（1）利用视觉感光的过程性

视觉信息是通过大脑处理后才会产生感知的结果，在设计之初就要考虑到接受者的情况，比如文化心理倾向，他们对于事物的通常理解。只有同接收者建立起评价和衡量的共同语境，这些信息才能被有效、准确地传达，才可能被理解。

例如对于追求艺术感的人群，在设计光线时，可以多一些具有艺术性的、立体的光影变化；而对于工作非常繁忙需要放松的人群，光的变化可平淡、温馨一些。

▲ 多种组合的光源，形成了丰富的光影层次和艺术氛围。

（2）利用对光的视觉和其他感觉的互换

人的感觉器官会产生通感，设计时应充分考虑视觉印象带来的其他感觉，以及人的心理变化。例如，看到暗淡的蓝光造成月夜气氛，人会有寒冷的感觉；相反，看到浓烈的红光表现喜庆，人们就会感到热和暖。

利用这种感觉的互换，可以更好地满足光对人心理、生理等方面的需求，例如寒冷地区使用暖光，就可以让人感觉更温暖。

▲ 暖色的光用在空间中，可以使人在心理上感觉温暖。

（3）利用人眼对光的色彩感知

一方面是对色彩的直接表达运用，如红色具有喜庆效果，可用来装饰婚房或营造节日氛围等。

另一方面要关注随着自然光线的变化而产生的色彩变化，即使是同一面彩色墙，在不同的光线环境下会产生很大的差别，设计时，应注意这些变化对室内色彩、氛围的影响。

▲ 木色的背景墙容易显得压抑，但在充足的日光下会让人感觉轻盈，那么在夜晚，就需要搭配足够的光线，使这种感觉持久。

（4）利用明与暗的对比

　　光线产生的明暗变化是互相对立又互相依存的关系，在室内设计中，利用它们之间的这种关系，可以很好的突出空间中的主体部位或主体装饰。

◀光线集中的部位，通过与周围的明暗对比，会最先引起人的注目，进而起到突出主题的作用。

（5）利用光与影的配合

　　如果说明与暗的对比是需要人工设计强调的话，那么光与影就是无法分离的。光与影的存在是用自身的空和形体的实产生对比，进而强化室内的立体感和空间感。

　　光与影的配合一方面可以构筑虚空。如传统建筑的花窗、雕栏、花格、挂落都在地上或墙上留下生动的影子。另一方面还可以利用光影变化使室内产生轻快的节奏。

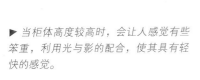

▶ 当柜体高度较高时，会让人感觉有些笨重，利用光与影的配合，使其具有轻快的感觉。

二、采光部位

1. 自然光的优点

利用自然采光，不仅可以节约能源，并且在视觉上更为习惯和舒适，在心理上能和自然接近、协调，可以看到室外景色，更能满足精神上的要求，如果按照精确的采光标准，日光完全可以在全年提供足够的室内照明。在进行室内光照设计时，可分成白天和夜晚两个部分，白天应充分考虑自然光采光的效果。

◀充足的自然采光，可让室内空间显得更宽敞、明亮，且满足人心理上的舒适感，是非常重要的设计因素。

2. 采光部位

室内采光的效果，主要取决于采光部位、采光口的面积大小和布置形式，一般分为侧光、高侧光和顶光三种形式。

侧光
※ 可以选择良好的朝向、室外景观，使用维护比较方便。
※ 但当房间的进深增加时，采光效率很快降低。

高侧光
※ 光从侧面高位置进入。
※ 通常采用加高窗的高度来实现，适合房间进深增加的情况。

顶光
※ 顶部天窗进光，照度分布均匀，影响室内照度的因素较少。
※ 当上部有障碍物时，照度会急剧下降，管理、维修方面较为困难。

除了采光部位外，进入室内的日光还受外部临近建筑的反射光、室内反射光及窗的方位和玻璃的透射系数影响。如临近的建筑既阻挡光线，又可反射部分光线；当面向太阳时，室内所接收的光线要比其他方向多；玻璃的透射系数越高，室内采光越明亮等，因此，室内采光应全面考虑。

三、照度、光色与亮度

1. 照度

人眼对不同波长的电磁波，在不同的辐射量时，有不同的明暗感觉，人眼的这个视觉特性称为视觉度，它以光通量作为基准单位进行衡量。

照度是一种物理术语，指入射到受照表面单位面积上的光通量的数值，表示被照面单位面积上的被照射程度，单位为勒克斯（Lux 或 Lx）。1 勒克斯即为 1 流明的光通量均匀照射在 1 平方米面积上所产生的照度。

照度是决定受照物体明亮程度的间接指标，因此常将照度水平作为衡量照明质量最基本的技术指标之一。不同的照度给人产生不同的感受，照度太低易造成疲劳和精神不振；照度太高往往因刺激太强，过分兴奋。在确定被照环境所需要的照度水平时，必须在考虑被观察物的大小尺寸的同时，考虑观察物同其背景的亮度对比程度。室内空间参考照度见下表。

室内空间参考照度

室内空间名称		照度标准值（单位：LX）		
		低	中	高
客厅、卧室	一般活动区	20	30	50
	书写、阅读	150	200	300
	床头阅读	75	100	150
餐厅、厨房		20	30	50
卫生间		10	15	20

2. 光色

光色主要取决于光源的色温，是影响室内气氛的主要因素。光源的色温应与照度相适应，即随着照度增加，色温也要相应提高。

- 暖色：色温 < 3300K
- 中间色：3300K < 色温 < 5300K
- 冷色：色温 > 5300K

色温类型

> **光通量**
>
> 光通量表示光源在单位时间内向周围空间辐射出去的并使人眼产生光感的能量，称为光通量。用符号 Φ 表示，单位为流明（lm）。桌子上方有一盏无罩的白炽灯，在加上灯罩后，桌面显得亮多了。同一盏灯泡不加灯罩与加上灯罩，它所发生的光通量是一样的，只不过在加上灯罩后，光线经灯罩的反射，使光通量在空间分布的状况发生了变化，射向桌面的光通量比没加灯罩时增多了。

低色温光源——呈现红、橙、黄色的光源，给人以热情、兴奋的感觉，被称为暖色光。

高色温光源——呈现蓝、绿、紫色的光源，给人以宁静、寒冷的感觉，被称为冷色光。

人工光源的光色，一般以显色指数（Ra）表示，Ra 最大值为 100，80 以上显色性优良；79～50 显色性一般；50 以下显色性差。常用照明灯具的显色指数见下表。

常用照明灯具的显色指数

灯具类型	Ra	灯具类型	Ra
白炽灯	97	日光色灯	75～94
卤钨灯	95～99	高压汞灯	20～30
白色荧光灯	55～85	高压钠灯	20～25

光源颜色的选择要和室内空间的功能要求相结合。在需要烘托或活泼或温馨氛围的空间中，如客厅、卧室等处，可以采用低色温的暖色光源；实用性为主的书房、卫浴间等，可以采用高色温的冷色光源。另外，在寒冷的地区宜采用暖色光源；在温暖的、炎热的地区则宜采用冷色光源。

▲客厅使用低色温的暖色光源，使人感觉更温馨。

▲卫生间以实用性为主，使用高色温的冷光源更合适。

3. 亮度

亮度是表示由被照面的单位面积所反射出来的光通量，物体只有具有一定的亮度才能在人眼的视网膜上成像。要创造一个良好的光照环境，就需要亮度分布合理和室内各个面反射率选择适当，亮度差异过大，会引起视觉疲劳；亮度过于均匀，又使室内显得呆板。相近环境的亮度应当尽可能低于被观察物的亮度，通常被观察物的亮度如果为相邻环境的 3 倍时，视觉清晰度较好。

● 色温

色温即光源色品质量的表征，光源的色品质量，也就是说要了解一个光源的光的色相倾向和色饱和程度。它的单位是 K（kelvin 的缩写），用来表示光源的色品质。对于色温与光源的色品质，可以这样认为，色温越高，光越偏冷，色温越低，光越偏暖。

四、光源类型

1. 室内光源的类型

室内光源总体来说，可分为自然光和人工光两大类。自然光主要是指日光，人工光指灯光。

光源类型

自然光源
※ 日光。
※ 白天采光的主要来源。
※ 依靠门窗、反射等获得。

人工光源
※ 白炽灯、卤钨灯、荧光灯、LED 灯等。
※ 夜间照明的主要来源，白天采光的辅助。
※ 依靠各种灯具获得。

2. 室内常用的人工光源

（1）白炽灯

白炽灯是最普通的灯具类型，利用电流通过的钨丝被加热到白炽状态而发光。它是重要的点光源，加装灯罩后可作为聚光灯。

白炽灯有以下优点：

①光源小，价格便宜。

②具有种类极多的灯罩形式，并配有轻便灯架、顶棚和墙上的安装用具和隐蔽装置。

③通用性大，彩色品种多。

④具有定向、散射、漫射等多种形式。

⑤能用于加强物体立体感。

⑥白炽灯的色光最接近于太阳光色。

其缺点如下：

①发出的较低的光通量，产生的热为 80％，光仅为 20％。

②寿命相对较短。

（2）卤钨灯

由于老式白炽灯寿命较短，且灯丝的高温造成钨的蒸发，蒸发的钨沉淀在玻壳上，会产生灯泡玻壳发黑的现象。因此，人们发明了卤钨灯，也就是充气白炽灯。

▲ 白炽灯。

点光源
点光源指的是从一个点，向周围空间均匀发光的光源。

聚光灯
聚光灯是使用聚光镜头或反射镜等聚成的光。反射灯的点光型比较简单，照度强、照幅窄、便于朝场景中的特定区位集中照射的灯。

它是在白炽灯的灯泡内部填充卤族元素或卤化物制成的，可防止灯泡长久使用中发黑的问题。为了使灯壁处生成的卤化物处于气态，卤钨灯的管壁温度要比普通白炽灯高得多。相应地，卤钨灯的泡壳尺寸就要小得多，由于玻壳尺寸小，强度高，灯内允许的气压就高，灯丝工作温度和光效也大为提高，而灯的寿命也得到相应延长。

卤钨灯相比较普通的灯泡，还具有色温均匀、隔绝紫外线的效果。

名称	特点	例图
高压双端卤钨灯	◎ 品种规格齐全，从窄到宽多种角度可选 ◎ 发光效率高、光衰小，但辐射热量很大	
低压单端卤钨灯	◎ 体积小巧玲珑，造型精致，节能效果好 ◎ 色温稳定，光照寿命长	
多平面冷反射卤钨灯	◎ 规格多样，可选择性高 ◎ 发出的光线强而"冷"，照明亮度高	

（3）荧光灯

荧光灯是一种低压放电灯，它能发出和日光相似的光，因此又称为日光灯。灯管内是荧光粉涂层，它能把紫外线转变为可见光，并有冷白色、暖白色、Deluxe 冷白色、Deluxe 暖白色和增强光等类型的色光。其光照均匀、光色怡人，发光效率为白炽灯的 1000 倍，其寿命为白炽灯的 10 ～ 15倍，因此荧光灯不仅节约电，而且可节省更换费用。

同时，荧光灯是没有热辐射的冷光源，除灯丝和配用的镇流器有很少的热量散发外，一般不会给照明环境带来不良的温度影响。

名称	特点	例图
直管型荧光灯	◎ 两头式电源接口，电流供应稳定 ◎ 照明覆盖面广，光色偏冷，灯管不刺眼	

色调名称	特点	例图
彩色荧光灯	◎ 外观时尚，种类多样 ◎ 光照色彩绚烂，光衰较大	
环形荧光灯	◎ 多设计在吸顶灯里，不起到装饰性 ◎ 光照均匀，光色怡人，节能效果出色	
单螺旋荧光灯	◎ 外观简单大方，常用在小空间作局部照明 ◎ 光色偏日光的感觉，照明的柔和度高	

（4）LED 灯

　　LED 灯，又称为发光二极管，是利用能发光的半导体芯片设计而成的高效节能灯。其在家庭设计中运用的非常广泛，经常会设计在台灯、射灯以及灯带中。LED 灯的节能效果是普通白炽灯的 5 倍以上，使用寿命长达 10 万小时，并且环保不含有害物质。因此，深受人们的喜爱。

名称	特点	例图
LED 灯泡	◎ 将 LED 灯珠做成了各种灯泡 ◎ 可以替换原本使用的卤素灯或白炽灯 ◎ 也可作为吊灯、装饰灯、筒灯等灯具的灯泡	
LED 灯带	◎ 有硬灯条和软灯条之分，可以替换原本使用的 T5 荧光灯 ◎ 灯带柔软体积小、可调光、可任意剪切和连接 ◎ 可塑性强、便于制作造型和塑造轮廓	
LED 灯管	◎ 外形为管状 ◎ 这类 LED 灯在日常生活中的需求量极大 ◎ 非常适合用于普通照明	

3. 人工光源的运用

（1）卤钨灯适合设计为空间内的主光源

卤钨灯所发出的光强度远远高出白炽灯，可使物体的颜色更光彩夺目。利用卤钨灯高强度的光照明特点，可将其设计为空间内的主光源，能有效地将整个空间照亮，且空间明亮清晰，即使角落处也会拥有足够的照明亮度。

设计卤钨灯主灯时，多采用吊灯的设计样式，这样可以更好地预留出灯泡的进深空间。另外需注意的是，卤钨灯比较刺眼，因此对于灯泡，要做好"隐藏"工作。

▲ 卤钨灯比较刺眼，因此对于灯泡，要做好"隐藏"工作。

（2）荧光灯适合设计为吸顶灯的内部光源

荧光灯本身并不具备装饰性，若不经过装饰设计在空间中，会影响空间整体设计的美观度。通常情况下，荧光灯会选择环形的款式，设计在吸顶灯中，再通过吸顶灯精致的外观，来装饰空间，增加照明光影变化。

设计时需注意，吸顶灯外壳的材质与颜色，会影响荧光灯的光色、透光性等效果，应将这写因素考虑进来。

▲ 荧光灯的光照强，因此不需要灯具过大，会显得笨重。

（3）LED 射灯壶共同搭配 LED 灯带可保持色温的一致性

所有 LED 灯的色温基本是保持一致的。因此，在同一空间中，若设计 LED 灯带，那么在射灯或者筒灯的选择上，更建议搭配 LED 的光源。这样设计出来的空间，色调统一、温感舒适，灯光设计协调性好。

▲ 同色温的 LED 灯带和筒灯，使顶部照明协调、统一。

4. 室内常用照明灯具

（1）吊灯

    吊灯主要设计在客厅、餐厅等两处空间，而这两处空间是最为追求设计效果的空间。因此，吊灯的作用就不仅局限在照明功能，更重要的是其装饰性。由此衍生出多种材质、多种样式的吊灯，可选择范围非常广泛。

名称	特点	例图
羊皮吊灯	◎ 制作灵感来自古代灯具，能给人温馨、宁静感 ◎ 羊皮上有的是素色，有的会加一些彩绘图案 ◎ 灯泡通过羊皮透出的光非常温暖，具有温馨感 ◎ 多设计在中式、欧式、东南亚等风格中	
水晶吊灯	◎ 装饰效果出色，设计丰富 ◎ 水晶坠可提升光影变化，照明效果更绚丽 ◎ 多设计在欧式、美式等风格中	
布艺吊灯	◎ 造型简单，材质的质感舒适 ◎ 光照柔和自然，不刺眼 ◎ 多设计在简约、北欧等风格中	
实木框架吊灯	◎ 木质的易雕塑性，使框架的造型更多样 ◎ 色彩多以原木色为主，且显露木纹 ◎ 多设计在中式、新中式、美式、欧式等风格中	
树脂吊灯	◎ 颜色丰富，造型多样、生动、有趣，环保自然 ◎ 可以模仿做旧的木材、金属等诸多质感 ◎ 多设计在欧式、美式、法式、田园等风格中	
亚克力吊灯	◎ 材料先进，造型多样，有较高的性价比 ◎ 拥有良好的透光性，光照柔和 ◎ 多设计在现代、简约等风格中	

名称	特点	例图
铁艺吊灯	◎ 带有浓郁的复古感，通常是黑色的 ◎ 造型古朴大方、凝重严肃 ◎ 质感部分的花样较少，但灯罩部分花样较多等 ◎ 多设计在现代、简约、美式等风格中	
铜艺吊灯	◎ 极具质感，外表美观 ◎ 好的铜灯还具有收藏价值 ◎ 非常注重线条和细节上的设计，十分讲求 ◎ 多设计在欧式、美式、法式等风格中	
藤编吊灯	◎ 外观造型较少，多为立体几何形体或动物 ◎ 具有自然、质朴的装饰效果，色彩以本色居多 ◎ 多设计在中式、北欧、东南亚等风格中	
纸艺吊灯	◎ 质量较轻、光线柔和 ◎ 具有较浓的文化气息 ◎ 怕水、耐热性能差 ◎ 多设计在现代、简约、北欧、中式等风格中	
透明玻璃吊灯	◎ 玻璃有丰富的色彩，造型简洁 ◎ 照明无死角，光照的延续性强 ◎ 多设计在现代、美式乡村等风格中	
天然贝壳吊灯	◎ 装饰效果超过实用性，设计外观精美 ◎ 照明的延续性差，很难充当主光源 ◎ 多设计在现代、简约等风格中	
天然云石吊灯	◎ 质感高档，效果奢华，样式古朴且富有质感 ◎ 云石透光性良好，光照柔和舒适 ◎ 多设计在欧式、美式等风格中	

（2）吸顶灯

　　吸顶灯对空间的硬性要求比较低，比如对层高的要求，对空间面积的要求等等。吸顶灯除了卫生间，可以安装在任何一处空间，并且拥有充足的照明亮度，作为空间内的主光源来使用。吸顶灯有多种的材质工艺与设计样式，因此其本身具备着一定的装饰功能，但相比较吊灯，其装饰性略显贫弱些。

名称	特点	例图
不锈钢吸顶灯	◎ 表面有凹凸的拉丝质感，耐高温且不易变形 ◎ 光照柔和舒适，不锈钢的包边处不透光 ◎ 多设计在现代、后现代等风格中	
水晶吸顶灯	◎ 装饰效果强，有精致的设计外观 ◎ 灯光隐藏在水晶柱中，有绚烂的照明效果 ◎ 多设计在欧式、简欧等风格中	
仿旧金属吸顶灯	◎ 外观造型复古，仿制做旧的金属工艺制成 ◎ 照明的亮度强，但不刺眼 ◎ 多设计在美式乡村、田园等风格中	
亚克力吸顶灯	◎ 花型样式多，且可以自主配色 ◎ 照明无死角，光照的柔和度高 ◎ 多设计在现代、简约以及后现代等风格中	
磨砂玻璃吸顶灯	◎ 有朦胧的设计感，造型样式多 ◎ 主灯不刺眼，照明的柔和度高、覆盖面广 ◎ 多设计在现代、简约等风格中	
实木吸顶灯	◎ 具有坚固耐用的特点 ◎ 款式多样，如木雕款、本色实木款等 ◎ 多设计在中式、北欧、简约等风格中	

（3）台灯

　　台灯设计在客厅中，起到的主要作用是装饰性，照明则以辅助空间的光影变化为主；台灯设计在卧室中、书房中，便具备了较高的实用性，即作为书桌前的主灯来使用。当台灯注重实用性时，对光源的强弱变化有较高的要求。相反的，当台灯注重装饰多时，光源便可采用普通的、暖光的灯泡即可。

名称	特点	例图
布艺台灯	◎ 样式简洁，花纹多样，易于搭配其他软装 ◎ 光感柔和微弱，适合局部照明 ◎ 多设计在东南亚、美式、中式等风格中	
彩釉陶瓷台灯	◎ 色彩丰富，样式高贵奢华，有出色的装饰效果 ◎ 横向照明柔和，纵向照明有光斑 ◎ 多设计在法式、中式等风格中	
玻璃台灯	◎ 玻璃可以做灯罩、灯柱以及底座，实用性高 ◎ 照明的延伸性好，覆盖面积大 ◎ 多设计在北欧、现代等风格中	
金属台灯	◎ 质量坚固，不易变形，造型多样 ◎ 照明亮度不受金属框架影响 ◎ 多设计在现代、简约等风格中	
树脂台灯	◎ 有朦胧的设计感，造型样式多 ◎ 主灯不刺眼，照明的柔和度高、覆盖面广 ◎ 多设计在现代、简约等风格中	
大理石台灯	◎ 设计效果高贵奢华，稳固度高 ◎ 照明亮度强，在大理石上有投射，效果精致 ◎ 多设计在现代、北欧等风格中	

（4）落地灯

落地灯的设计往往不是单独存在的，而是会和沙发组合、单人座椅等共同出现。通常情况下，落地灯会摆放在角落处、小面积的空间，而且可以随着使用位置，便捷的移动。有些落地灯也具有明亮的照明度，设计在客厅或书房，来充当空间内的主光源，代替原本的吊灯、吸顶灯。

名称	特点	例图
烤漆金属落地灯	◎ 烤漆金属不怕刮划，不掉漆 ◎ 照明无死角，覆盖面积大 ◎ 多设计在简欧、北欧等风格中	
金属雕花落地灯	◎ 雕花样式繁复精致，有高贵奢华的设计感 ◎ 上下照明有微弱光斑，照明亮度足 ◎ 多设计在欧式、法式等风格中	
实木落地灯	◎ 实木材质能设计出多种样式，并且质量轻便 ◎ 实木材质通过涂刷清漆、混油等工艺，能变化灯具质感 ◎ 多设计在中式、美式、北欧等风格中	
树脂仿旧金属落地灯	◎ 整体样式具有复古感，多带有各式雕花 ◎ 局部照明亮度充足 ◎ 多设计在美式、法式、东南亚等风格中	
彩色玻璃落地灯	◎ 色彩绚丽，有复古感，装饰性出色 ◎ 照明的光感多变、微弱，有静谧感 ◎ 多设计在美式、田园等风格中	
布艺落地灯	◎ 也叫蕾丝灯，灯罩上多配以精美的绢花和蕾丝花边的配饰 ◎ 底座以金属或树脂材料为主 ◎ 多设计在欧式、美式、田园等风格中	

（5）壁灯

壁灯的安装面为墙面，主要设计客厅、餐厅以、过道、卧室及卫浴间等空间中，不太适合用在书房、阳台等空间中。在没有筒灯面世的时间里，壁灯是最为主要的装饰性点光源，起到烘托空间氛围的作用。因此也就决定了壁灯的作用，即装饰性第一，其次才是照明的实用性。

名称	特点	例图
玻璃罩壁灯	◎ 常见的有透明玻璃和磨砂白玻璃两种 ◎ 磨砂处理后的玻璃罩面，有柔和的质感 ◎ 多设计在美式、法式等风格中	
金属雕花壁灯	◎ 采用金属雕花框架，上面涂刷有做旧的金漆，效果高贵、奢华 ◎ 向上照明亮度足，照明实用性较高 ◎ 多设计在欧式、法式等风格中	
铁艺壁灯	◎ 款式多样，颜色多为黑色 ◎ 装饰效果古朴、大气 ◎ 多设计在美式、地中海等风格中	
水晶壁灯	◎ 有丰富的装饰效果，与其他灯具呼应设计良好 ◎ 烛光照明微弱，但灯光温暖舒适 ◎ 多设计在欧式、法式等风格中	
布艺壁灯	◎ 布艺质感柔软舒适，款式多样 ◎ 灯光透过布艺，不刺眼，又不阻碍光线的延伸 ◎ 多设计在北欧、简约、欧式、法式等风格中	
实木结构壁灯	◎ 实木框架稳固耐用，造型多样 ◎ 照明覆盖面积大，光感温馨 ◎ 多设计在中式、新中式等风格中	

（6）射灯、筒灯

射灯属于纯粹的点光源，照明的指向性明确，区域性明显，在边界处有明显的光斑阴影，在照明范围内，有明显的温度，但热量不高。这些特点决定了射灯不能承担主要的照明任务，但却有着极为出色的照明辅助效果。

名称	特点	例图
单体射灯	◎ 样式较多，可选择范围广泛 ◎ 照明可移动，指向性强，照明亮度高 ◎ 可用在墙面、隔断、书柜等位置	
轨道式射灯	◎ 射灯可在滑轨上，移动到任意位置，有较高的灵活性 ◎ 定向照明效果好，有明显的光斑区域 ◎ 适合灯光有移动需要的部位	
双头斗胆射灯	◎ 体型较大，装饰效果现代且时尚 ◎ 照明亮度强，一定程度上可以代替空间内的主光源 ◎ 多设计在客厅以及过道当中	

筒灯的提亮效果出色，当空间内只设计主光源，而角落照明亮度不够时，适合设计筒灯来辅助主光源照明。筒灯照明主要是散光，不会有明显的光斑形成，照明范围内也不会有明显的温度，因此在家装设计中应用的非常广泛。

名称	特点	例图
明装式筒灯	◎ 无须开孔，可以直接安装在楼板或者吊以下 ◎ 尺寸越大，功率越高，亮度越大 ◎ 适合想要筒灯的照射效果，但无吊顶的空间	
暗装式筒灯	◎ 需要将灯头以上的部分装在吊顶内部 ◎ 不仅可以隐藏在吊顶中，还可以藏在家具内 ◎ 适合有吊顶的空间	

5. 照明灯具的运用

（1）吊灯底部距离地面的高度，要保持 2 米以上的距离

除餐厅外和卧室床头部分安装的线装吊灯外，其他空间中，吊灯底部距离地面不低于 2 米才是设计的安全距离，这样在下面行走的人，才不会磕碰到头部，保护人身安全。如果吊灯的设计位置，在茶几等家具的正上方，那么距离地面的高度可以保持在 1.8 米左右，这样不会影响人视线的通畅。低于这个距离，空间会有拥挤感，而且吊灯与空间的比例也会失调。

▲ 吊顶下方预留合适的高度，才能保证安全性和美观性。

（2）根据照射面积，选择适合头数的吊灯

吊灯从灯头的数量上，可分为单头吊灯和多头吊灯，单头吊灯只有一个灯罩，内部装有一个灯泡，此类吊灯照射面积有限，通常适合将同样的款式或同类的款式组合 2 ~3 个放在一起使用，如放在吧台或餐桌上方；多头吊灯的头数少的有 3 头，多的可以达到十几头，头数越多照射面积越大。选择时，除考虑装饰性外，还应考虑光源的亮度和居室面积，小面积居室若选择头数特别多的吊灯，那么，灯泡的照度就应适当降低，过亮会让人感觉不舒适。

▲ 当室内面积较大时，更适合选择多头数的吊灯，但光源可适当降低亮度。

（3）吸顶灯的选择要适应吊顶的造型设计

当吊顶设计了回字型的造型时，吸顶灯适合选择长方形或方正感强的样式，以呼应吊顶的设计；当吊顶设计了弧线造型时，吸顶灯适合选择球体、椭圆形以及圆形的造型；当吊顶为方形时，可选择方形、长方形或圆形的造型。这样设计的吸顶灯不会显得突兀，而且会具有较强的整体设计感。

▲ 客厅去除吊顶后的顶面接近方形，选择圆形的吸顶灯，比例上会比较舒适。

（4）吸顶灯搭配筒灯等点光源的照明效果出色

吸顶灯不同于吊灯丰富多变的造型和照明效果，因此在设计时，当居室面积较大时，如果有吊顶，可在吊顶中设计筒灯或射灯来呼应吸顶灯的照明，如果没有吊顶，则可安装轨道射灯或明装筒灯与其呼应，提升空间内的光影变化，以及整体的照明亮度。

◀设计在吊顶中的吸顶灯，同时搭配了周边的筒灯，既可补充空间内的照明，又可丰富光影变化。

（5）根据使用空间的功能，选择适合的台灯

台灯属于室内常用灯具之一，无论是客厅、书房、卧室甚至是过道，都可以用到。

那么，在选择台灯时，其款式和亮度就建议从使用空间的功能来出发。如追求装饰性和气氛的空间，台灯的色彩、材质、风格等应与其他部位的装饰相统一，并具有良好的装饰性，灯光则以暖光为主较好；若用在书房内用来工作或学习，则更应注重照明对人眼的低刺激性，而后再考虑美观性。

▲卧室内的台灯，色彩上与其他软装相呼应，形成了统一又有变化的层次感，白色磨砂灯罩，可使灯光更柔和，符合卧室的氛围需求。

（6）落地灯的高度不宜超过人的水平视线

　　落地灯不属于空间内的主光源，仅起到局部照明的辅助作用，因此，其高度的选择很重要，若高度超过了人的水平视线，会和吊灯等主灯的照明作用产生冲突，影响空间内的光影变化。

　　当落地灯的高度低于人的水平视线时，其照射出来的灯光不会刺激到人的眼睛，并且与吊顶上的灯形成良好的呼应效果。如选择不到合适的高度时，也可以略高于水平视线，但不能高出太多。

▲ 落地灯的高度超过座椅三分之一，装饰效果最理想。

（7）壁灯的安装高度，最好保持在底部距离地面 1.6 米～1.8 米之间

　　一般房屋的层高保持在 2.7 米～3 米之间，壁灯的安装高度若保持在 1.6 米～1.8 米之间，比例正好在黄金分割点上，会非常具有美感。从人体工程学来看，这种高度的壁灯，与人的高度持平，视线内会充分更多的光线，从而实现丰富的光影设计变化。

▲ 壁灯安装在合适的高度上，才能满足装饰和使用需求。

（8）射灯和筒灯设计应注重等序排列

　　无论筒灯的尺寸是多少，在设计时，都需注意筒灯与筒灯之间的距离，一般保持在 600cm-900cm 之间，不可过人或过小，具体的距离取决于筒灯的单体尺寸。这种组合排列出来的筒灯，能丰富吊顶的设计元素，同时可以补亮空间的阴角处。筒灯距离墙面至少要保持 250cm 的距离。

　　射灯之间的距离可根据照射物体的距离来决定，同时使用多盏射灯时，也许灯与灯之间的距离，等距排列最佳。

▲ 不同方向照射的射灯，等距排列，可以形成较为均匀的光照。

五、照明控制

1. 炫光控制

（1）眩光的类型

眩光就是在视野中有极高的亮度或强烈的亮度对比时，造成视觉降低和人眼睛的不舒适甚至痛感的现象。眩光不仅会影响空间的视看条件，还是导致视力下降和心理不快的重要原因。眩光对室内光环境品质有很大影响，但在室内照明设计中，眩光却是易出现又易被忽略的问题。眩光的类型见右侧表。

眩光的类型

眩光的类型	成因
直接眩光	光源发出的光线直接射入人眼
反射眩光	在具有光泽的墙面、桌子、镜子等物面上反射的光刺入人眼

在人们的日常生活中，很多情况下都会看到不舒适的眩光。如在正常观察视野中看到高亮度的裸露光源，引起人们视觉上的不适，容易产生刺眼的直接眩光；装修材料和家具表面对高亮度光源反射容易形成反射眩光；以及室内环境亮度反差较大时引起的眩光效应，等等。

综上所述，眩光产生的原因主要有几种：高亮度的发光面、不合理的灯具选型、错误的灯具安装位置、材料表面对高亮度光源的反射、过大的环境亮度比。所以照明设计时应该从上述几方面来避免眩光的出现。

（2）直接眩光的控制

预防直接眩光，其实就是限制视野内光源或灯具的亮度，主要通过三种方式来实现。

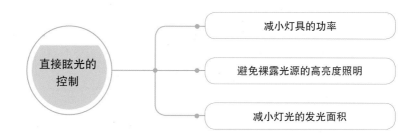

减小灯具的功率：即在满足照明要求的前提下，减小灯具的功率，来避免高亮度照明的产生。因此，在进行照明设计时，照明光源满足照明需求即可，不应一味追求高功率、高明度。

避免裸露光源的高亮度照明：可以在室内照明中多采用间接照明的手法。对于与垂直线呈45°角或大于45°角方向可以看见光源的灯具，应进行遮挡。例如利用材质对光的漫反射和漫透射的特性对光进行重新分配，产生柔和自然的扩散光的效果，可以通过在灯泡外罩上一个乳白色的磨砂玻璃灯罩使光线变成柔和的漫射光来实现。

▲在照明光源外部增加灯罩，利用灯罩材质的漫反射可避免眩光，使光线更柔和、自然，让人感觉更舒适。

减小灯光的发光面积：这里所说的发光面积，并不是指灯具或光源的大小，而是指同样的光源，随着光源亮度的增加，光源的发光面积会增大，随之而来的就是愈加强烈的眩光。因此在选择使用高亮度裸露光源进行照明的时候，可以把高亮度、大发光面灯光和发光面分割成细小的部分，那么光束也就相对分散，既不容易产生眩光又可以得到良好的照明表现效果。

例如，一个空间中，安装数个低瓦数的灯具，来代替一盏高照度的主灯，或将空间内需要的光照分成多个部分，并合理分配灯光的照射方向。既能缓和刺眼的眩光，又可以使光辉更加美丽。

▲用筒灯、暗藏灯及台灯代替一盏主灯，可避免眩光的同时又可烘托温馨的气氛，并使光线的层次感更丰富。

（3）反射眩光的控制

随着计算机和液晶电视的普及，观看显示屏的机会大大增加，如果在屏幕上映入了照明灯具和窗户的影子，影像就会模糊不清，久而久之，就会造成视觉功能的降低。然而室内不仅只存在屏幕的反射，因此，室内照明设计中还需要考虑类似地砖、玻璃、镜面、不锈钢等高反射装饰材料对灯光映入所产生的影响。

▲ 客厅内的烤漆玻璃、茶几等，均为高反射材料，对灯光映入会产生影响。

光有这样的传播特性，当光射到一个物体表面时，因为材料表面的反射系数不同，会被完全反射或部分反射，总的来说，可分为镜面反射和漫反射两类。

镜面反射容易引起特别刺眼的反射眩光。对于这类眩光的防治主要需考虑人的视看位置、光源所在位置、反射材料所在位置三者之间的角度关系。此外，还应该在对材料的选用时，适当考虑反射材质的选择。

当然，反射眩光不一定是有害的，也可以在表现水晶的质感时对此类眩光加以利用，形成耀眼的照明效果。

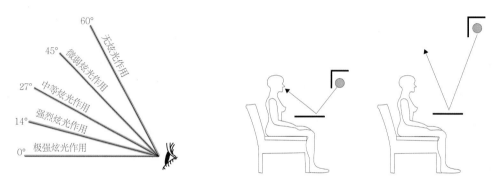

▲ 眩光的强弱与视线的关系。　　　　　　　　　　▲ 光源位置与作业面的镜面反射角度。

反射眩光可能解决的途径：

方向性：使反射光不在人的视觉范围之内，光的入射方向可以和观看方向相同。

低亮度：在复杂的环境中，比如公共区很大的家居环境中，以某一区域为标准选择光源的亮度，就可能出现其他区域过亮而产生繁盛眩光的情况。这时低亮度的灯具有助于减少出现眩光，还可以增加局部照明，以满足使用需求。

亮度分布：周围的环境亮度（顶棚、墙面、地面等）与照明器的亮度形成强度的对比，就会产生眩光，对比值越大，产生眩光的可能性就越大，尤其是顶棚。

（4）灯具的选用和布置

减少直接眩光和反射眩光，除了需要以上方式外，还应该对灯具的位置和款式加以考虑。

首先，应注意灯具的位置。对不同类型的水平面，易产生眩光的区域是有区别的，在进行照明设计时，可有意识的避免灯光出现在区域内，进而避免产生眩光。

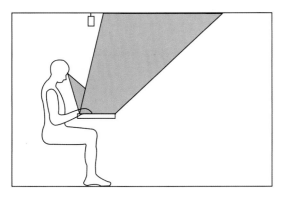

▲水平作业面易产生反射眩光的区域。

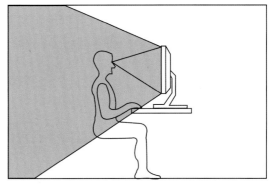

▲垂直作业面易产生反射眩光的区域。

在正常视看范围内，不同的光源位置所引起眩光感的强弱也是有区别的。

45°～85°较方向内的光线是引起直接眩光的主要原因。控制直接眩光主要就是控制此方向内光线的强度，也就是限制灯具45°＜γ＜85°范围内的亮度。

为布置在有可能产生直接眩光区域内的灯具选款时，应选择带有遮光配件（遮光罩、遮光板等、漫射灯罩）的灯具，从而增加灯具的保护角，使灯光避免直接出现在眩光区；或者选择具有合理配光、低出光口亮度的灯具。

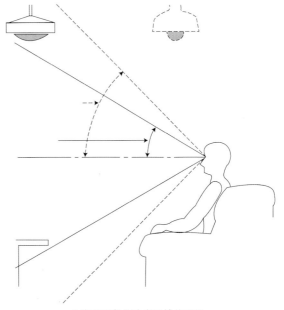

▲光源引起的眩光区域的强弱。

布光的均匀性也是需要考虑的，可以采用半直接型照明、半间接型照明、漫射照明或吊灯、吸顶灯等，以增加顶部的亮度，并使整个空间布光均匀。

▲ 半直接型照明。　　　　　　▲ 半间接型照明。　　　　　　▲ 漫射照明。

2. 亮度比控制

亮度比指同时或相继观看视野中两个表面上的亮度之比。

眼睛适应的亮度受视野内所有区域的影响，背景亮度不同，所产生对比的强弱的不同，会产生视错觉。如晚上人眼不能直视的汽车大灯，在白天就不会觉得有任何刺眼的感觉。这是因为白天的环境亮度增加，环境亮度比降低，人眼适应了高亮度环境的原因。

也就是说，设计时单个的光源亮度值是不重要的，关键是要控制空间的光的分布以及和环境的对比的关系，因此在照明设计中应该尽量避免同一空间内过大的环境亮度比。

一般来说，目标比环境略为明亮，如 2∶1 ～ 3∶1 是比较适宜的环境亮度差，10∶1 的亮度比，能让视觉中心清晰可见并与相邻表面之间产生的强烈的过渡，至 20∶1 的亮度比后，就会让人感觉到不太舒服。

◀ 当室内灯具数量较多时，分布均匀才能产生恰当的亮度比，而只有恰当的亮度比，才能在营造出舒适环境的同时，满足人们的生活需求。

六、照明方式

1. 一般照明

一般式照明是为了达到最基础的功能性照明，不考虑局部的特殊需要，起到让整个家居照明亮度分布达到较均匀的效果，使整体空间环境的光线具有一体性。

一般式照明所采用的光源功率较大，而且有较高的照明效率。例如客厅、卧室或厨房中的顶灯，达到的就是一般照明的效果。它可以使整个空间在夜晚保持明亮，满足基础性的灯光要求。通常来说，这种照明方式较适合面积较小的空间。

▶ 厨房只依靠一盏顶灯，进行照明，即为一般性照明。光线较明亮，但平均，没有层次的变化。

2. 局部式照明

局部式照明是为了满足室内某些部位的特殊需要，设置一盏或多盏照明灯具，使之为该区域提供较为集中的光线。局部式照明在小范围内以较小的光源功率获得为该区域提供较为明亮的照度，同时也易于调整和改变光的方向。这类照明方式适合于一些照明要求较高的区域，例如床头设置的床头灯或书桌上的台灯等。

在面积较大的空间中，局部照明区域通常不止一处，可以将多盏照明灯具分布在多个局部，并起到装点空间的作用。

◀ 书桌上放置的台灯，就属于局部照明的一种，可以满足桌面上这一局部区域内较为明亮的照明需求。

3. 定向式照明

定向式照明是为强调特定的目标和空间而采用高亮度的一种照明方式，可以按需要突出某一主题或局部，对光源的色彩、强弱以及照射面的大小进行合理调配。

在室内灯光布置中，采用定向照明通常是为了让被照射区域取得集中而明亮的照明效果，所需灯具数量应根据被照射区域的面积来定。最常见的定向式照明就是餐厅的餐桌上方，一组吊灯的设计让视觉焦点集中在更加秀色可餐的食物上，同时营造出温暖舒适的就餐氛围。

▲餐桌上常使用较长的吊灯，它们属于定向式照明，固定照射对象为餐桌，可使人的视线聚焦在桌面上。

4. 混合式照明

混合式照明是由一般照明和局部照明组成的照明方式。从某个角度上来说这种装饰照据明方式其实是在一般式照明的基础上，视不同需要，加上局部式照明，使整个室内空间有一定的亮度，又能满足工作面上的照度标准需要。这是目前室内空间中应用得最为普遍的一种照明方式。

混合式照明在大户型室内空间中经常采用，这时就需要通过合理布局，让灯光层次富有条理，避免不必要的光源浪费。

▲面积较大的空间内，采用混合式照明，可以使灯光更具有层次感，并满足不同部位的不同照明需求。

5. 重点式照明

重点式照明设计更偏向于装饰性，其目的是对一些软装配饰或者精心布置的空间进行塑造，可以让整个空间在视觉上形成聚焦，让人的眼球不由自主地注意到被照明的区域，达到增强物质质感并突出美感的效果。除了常用的射灯以外，线型灯光也能获取重点照明效果，但其光线比射灯更加柔和。

◀将射灯安装在装饰画上方，使灯光集中照射在画面上，形成了视觉上的焦点，使卧室内墙面上的主体装饰更突出。

6. 无主灯式照明

无主灯式照明是现代风格的一种设计手法，是追求一种极简空间效果。但这并不等于没有主照明，只是将照明设计为藏在顶棚里的一种隐式照明。这种照明方式其实比外挂式照明在设计上要求更高。装修时，首先要吊顶，要考虑灯光的多种照明效果和亮度、吊顶和主体风格的协调以及吊顶后对空间的影响。无主灯不等于省了主灯，而是让主灯服从于吊顶风格达到见光不见形，并让室内有均匀的亮度，见光而不见源的效果。如常见的完全由筒灯组成的"满天星"式照明。

◀客厅内没有使用明显的主灯，而是用筒灯及暗藏灯充作主灯使用，形成了分布均匀且非常舒适、柔和的光照效果。

室内照明的作用与艺术效果

一、创造气氛

1. 光的亮度

　　光的亮度和色彩是决定气氛的主要因素。光的刺激能影响人的情绪，一般说来，亮的房间比暗的房间更为刺激，但是这种刺激必须和空间所应具有的气氛相适应，极度的光和噪声一样都是对环境的一种破坏。

　　适度愉悦的光才能激发和鼓舞人心，而柔弱的光令人轻松而心旷神怡。光的亮度也会对人心理产生影响，有人认为对于加强私密性的谈话区照明可以将亮度减少到功能强度五分之一。光线弱的灯和位置布置得较低的灯，使周围造成较暗的阴影，天棚显得较低，使房间似乎更亲切。

▲客厅内的色彩搭配以无色系为主，在白天日光的照射下会显得很时尚，但在夜晚很容易使人感觉过于肃穆，搭配低亮度的灯光，增加了亲切感，使气氛显得更为温馨。

2. 光的色彩

室内的气氛还会由于不同的光色而变化。如许多餐厅、娱乐场所常常用加重暖色的灯光（如粉红色、浅紫色等）使整个空间具有温暖、欢乐、活跃的气氛，还能使人皮肤、面容看起来更健康。同时，由于光色的加强，光的相对亮度相应减弱，使空间感觉更亲切，家庭居室中的卧室也常常因采用暖色光而显得更加温暖。但是冷色光也有许多用处，特别在夏季，青、绿色的光就使人感觉凉爽。因此，照明的光色应根据不同气候、环境等因素来确定。

▲当使用暖色灯光时，室内的氛围更温馨、温暖一些。　▲当使用冷色灯光时，室内的氛围更清新、凉爽。

多彩照明或强烈的照明，如彩色小灯、各色聚光灯等，可以使室内的气氛活跃生动起来，增加繁华热闹的节日气氛，因此，在节日时，使用一些红绿的装饰灯点缀空间，就可以增加欢乐的气氛。但在大多数时间里，家居空间中，需要彩色灯光的时间是比较少的，可以使用不同色彩的透明或半透明材料，来改变照明的光色。

二、加强空间感和立体感

空间的不同效果，可以通过光的作用充分表现出来。实验证明，室内空间的开敞性与光的亮度成正比，亮的房间会使人感觉更大一点，暗的房间则会让人感觉要小一点；充满房间的无形的漫射光，会使空间有无限的感觉，而直接光能加强物体的阴影，光影相对比能加强空间的立体感。

因此，在进行室内照明设计时，可以利用光的这些作用，加强希望注意的地方，如趣味中心，也可以用来削弱不希望被注意的次要地方，从而进一步使空间得到完善和净化。例如空间内的背景墙或是重点装饰物部分，使用亮度较高的重点照明，而相应地削弱次要的部位，获得良好的照明艺术效果。

同时，照明也可以使空间变得实和虚，如在台阶、地台及家具等部分的底部设计一些照明，就可使物体和地面"脱离"，形成悬浮的效果，而使空间显得空透、轻盈。

▲书房中，对于装饰重点的墙面部分，加强了照明的空间感设计。　▲家具下方增加光线，使柜体显得更轻盈。

三、光影艺术与装饰照明

　　光和影本身就是一种特殊性质的艺术，自然界中存在着很多这种光影艺术，如当阳光透过树梢，地面洒下光斑，疏疏密密随风变幻；又如月光下的粉墙竹影和风雨中摇曳着的吊灯的影子，却又是一番滋味。

　　自然界的光影由太阳和月亮来主导，而室内的光影艺术就要靠设计师来创造。光的形式可以从尖利的小针点到漫无边际的无定形式，设计时，可以利用各种照明装置，在恰当的部位，以生动的光影效果来丰富室内的空间，既可以表现光为主，也可以表现影为主，也可以光影同时表现。

◀餐厅中采用了多种照明方式，形成了丰富的光影变化，虽然装饰很简洁，却给人浓郁艺术性的感觉。

四、照明布置艺术和灯具造型艺术

1. 照明布置艺术

光既可以是无形的，也可以是有形的，光源可隐藏，灯具却可暴露，通过有形及无形的组合，构成的即为艺术。

大范围的照明，可将独特的组织形式作为布置重点，来吸引人的目光，如客厅中常用连续的带形暗藏式照明搭配主灯，就会使空间显得更具舒展性；某工业风室内，将照明、通风与屋面支架相结合，就会极具现代风格。采取这种"组合"式方式来布置灯具，就容易十分惹人注目。

这种设计方式的关键不在个别灯管、灯泡本身，而在于组织和布置。最简单的荧光灯管和白炽小灯泡，一经精心组织，就能显现出气氛和瑰丽的景色。天棚是表现布置照明艺术的最重要场所，因为它无所遮挡，因此，室内照明的重点常常选择在天棚上，并结合建筑式样，或结合柱子的部位等来达到照明和建筑的统一和谐。

▲大面积的客厅内，使用暗藏灯带，使空间具有舒展性。　▲工业风室内，照明与管道组合设计，极具现代感。

2. 灯具造型艺术

现代灯具都强调几何形体构成，在基本的球体、立方体、圆柱体、角锥体的基础上加以改造，演变成千姿百态的形式，同样运用对比、韵律等构图原则，达到新韵、独特的效果。

但总的来说，室内灯具的造型，可分为支架和灯罩两大部分，有些灯具设计重点放在支架上，也有些把重点放在灯罩上。不管哪种方式，在选用灯具的时候一定要和整个室内一致、统一，决不能孤立地评定优劣。

▲室内灯具虽然造型各异，但灯具之间却在色调、选材等方面有所呼应，并且同时还与居室整体环境相统　。

家具是人类生活中必不可少的器具

也是室内设计中非常重要的环节

随着生活水平的提高和科学技术的发展

人们对居住质量的要求也越来越高

家具的正确选择与在室内空间的合理配置

是提升住宅品质的重要因素

对于优秀的设计师而言

家具不仅仅是满足人们日常生活需求的设备

也可以成为住宅空间的装饰点

家具的选用与布置

除了要考虑住宅的尺寸大小和整体风格以外

还要注意动线的规划

对人心理的作用

安全环保的问题以及人体工程学的运用

第三章

室内家具选用与陈设

第一节

家具基础概述

一、概念

家具是指在生活、工作或社会实践中供人们坐、卧或支撑与贮存物品的器具，它具有独特的构成因素。

家具在人们的生活中扮演着重要的角色，它一方面是物质产品，另一方面也是艺术创作。当家具与人类生活产生联系以后，便寄托了人们的情感，成为人们表达情绪的工具。

因此，在室内设计中，家具的运用除了满足最基本的生活起居的要求之外，还用来表现空间的整体风格，反映居住者的职业特征、审美趣味及素养品位。

● 家具的构成因素

家具是由材料、结构、外观形式和功能四种因素组成，其中功能是先导，是推动家具发展的动力；结构是主干，是实现功能的基础。这四种因素互相联系，又互相制约。

由于家具是为了满足人们一定的物质需求和使用目的而设计与制作的，因此家具还具有材料和外观形式方面的因素。

◀ 家具不光满足日常生活需求，也逐渐成为美化空间的装饰性物件。

二、历史与发展

　　家具的形成受到多方面因素的影响，如地理环境、生活习惯等，且在不同时期和不同地域中，这些因素的影响程度是不同的。虽然不同时期、不同地区的家具风格均具有自己独特的个性，但其总的发展过程有一定的规律，即由简到繁再到简的重复，从而推动家具艺术水平呈螺旋式发展。

1. 西方家具的历史与发展

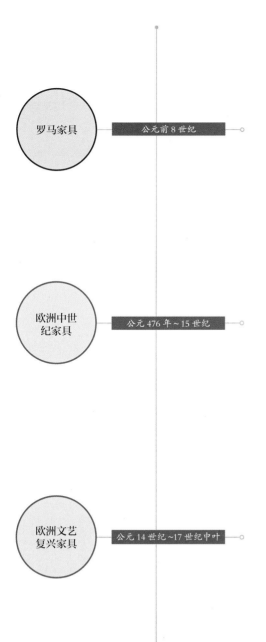

社会背景：罗马艺术是接受了希腊的传统和早期的伊特拉里亚文化，并受到埃及文化和东方文化的影响，不断地发展起来的。

家具特点：罗马家具中结构和雕刻构件的用材多为木头；常见的装饰方法有雕刻、镶嵌、绘画、镀金、贴薄木片等多种；古罗马的家具装饰具有坚厚凝重的特征，显示了一种男性化的风格，同时也是罗马帝国尚武好战精神的表现。

社会背景：处于封建社会时期，文化和艺术完全被教会所控制，成为服务于宗教的宣传工具。

家具特点：中世纪前期的拜占庭和仿罗马式家具，造型庄重庞大、以直线为主，追求建筑的体量感；中世纪后期的哥特式家具，多为当时的封建贵族及教会服务，其造型和装饰特征完全以基督教的政教思想为中心。

社会背景：文艺复兴的核心是人文主义精神，肯定人的价值和尊严。倡导个性解放。

家具特点：文艺复兴早期，家具的用材主要为胡桃木，把建筑装饰手法与以浅浮为主的雕刻和绘画相结合，其造型设计以简朴、庄重、威严著称；文艺复兴中期，家具仍可见早期的简朴和宗教的威严，且图案更加优美、精细，比例进一步完善。比较流行的雕刻图案是可爱的奇异动物、有翅小天使、涡卷形装饰和蔓藤组成的叶饰等；文艺复兴后期，家具常用深浮雕和圆雕，图案有限采用纹章、战袍、奇异的人像和女像柱等。

巴洛克家具　16世纪末期~18世纪中叶

社会背景：巴洛克式家具是受当时的政教思想的直接影响形成的，但这种影响与其他风格不同，它是反宗教斗争的结果。

家具特点：巴洛克式家具打破古典主义严肃、端正的静止状态，形成浪漫的曲直相间，曲线多变的生动形象，并集木工、雕刻、拼贴、镶嵌、旋木、缀织等多种技法为一体，追求豪华宏伟、庄严和浪漫的艺术效果。

新古典主义家具　18世纪中叶

社会背景：随着资产阶级的日益革命化，欧洲先进的知识分子对封建制度和它的意识形态进行猛烈开火。

家具特点：新古典主义时期的家具以直线和矩形为造型基础，并把家具的腿变成了雕有直线凹槽的圆柱，减少了青铜镀金面饰。这时的家具式样曲线少、直线多；旋涡表面少、平直表面多；新古典主义家具可以说是欧洲古典家具中最为杰出的家具艺术，为工业化批量生产家具奠定了基础，是目前世界范围内仿古家具市场中最受欢迎的一类古典家具形式。

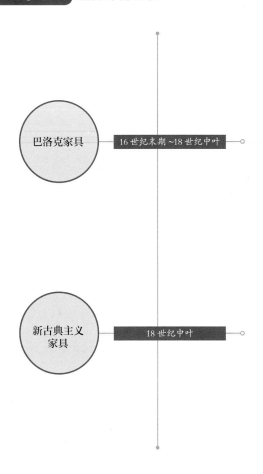

罗马家具	欧洲中世纪家具	欧洲文艺复兴家具
巴洛克家具1	巴洛克家具2	新古典主义家具

2. 中国家具的历史与发展

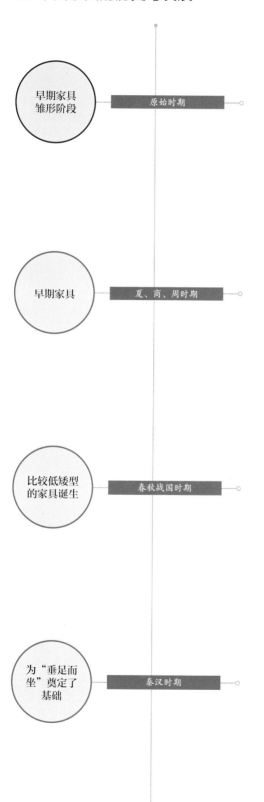

社会背景：生产力极其低下，社会生产力的主要标志是使用石器工具。劳动的结合方式主要是简单协作，人们之间的分工主要是按性别、年龄实行的自然分工。

家具特点："席地而坐"的习惯在中国延续了几千年，直到魏晋南北朝时期才有所改变。这种生活习惯直接影响到家具的形制，所以原始时期的家具大多是低矮的。

社会背景：除了东周时期已初步具备封建社会的属性之外，夏商周三朝都是奴隶制社会。

家具特点：人们的物质生活比原始社会进步了很多。贵族阶层互相攀比，讲究家居日用器物的排场。《周礼》中记载了十分繁缛的有关席、几的使用规矩。另外，从已有甲骨文和青铜器的资料看，还出现了青铜制作的床、案、俎及置放酒器的禁等家具。

社会背景：春秋时期，奴隶社会走向崩溃，整个社会向封建社会过渡，到战国时期生产力水平大有提高，人们的生存环境也相应地得到改善。

家具特点：与前代相比，人们的工艺制造水平明显提高，开启了后世家具雕刻的先河。归纳起来有四大贡献：一是出现了最有名的木匠——鲁班；二是出现了人类最重要的朋友——床；三是出现了铁制的锯、斧、钻、凿等器械；四是雕刻被广泛应用到家具装饰中；有浮雕和透雕等。这一时期出现了凭几、衣架、柜、箱、案几以及四周装有栏杆的矮床等家具。髹漆工艺已经趋于成熟，用漆来保护、装饰家具，并延长家具的使用寿命。

社会背景：国家统一，封建社会形成和初步发展；专制主义中央集权制度的建立和巩固，官僚体制逐渐代替贵族体制；同西域发生密切交流；中国向朝鲜、日本、西亚和欧洲的交往。

家具特点：对西域的频繁交流渐深，胡床传入。胡床——是一种形如马扎的坐具。后来被发展成可折叠马扎、交椅等，为后人的"垂足而坐"奠定了基础。这一时期，家具的种类也更加丰富，几、案、屏风等家具开始形成富有意义的起居空间和接待中心。家具的装饰也进一步多样化，手法也日趋复杂。

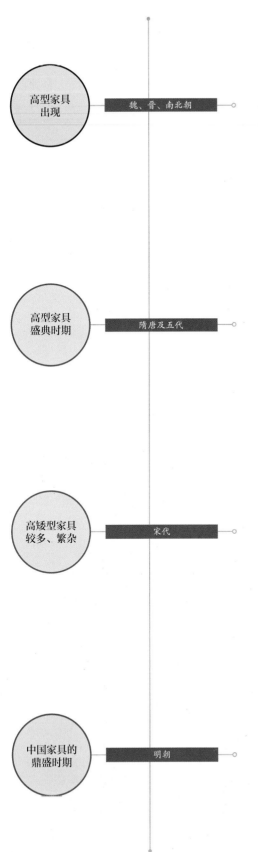

社会背景：此时期是中国历史上动荡战乱时期，也是南北各民族文化交流融合时期。这种交流影响对当时的思想，文化生活都产生了重大的作用。

家具特点：随着胡床出现后，方凳、圆凳、束腰凳及带扶手的靠背椅等高型家具的出现，则是中国家具史上的重要标志。至此家具由低到高开始发展，出现墩、椅、凳等高型家具，并有笥、籈（箱）等竹藤家具。在装饰方面，漆木家具装饰上使用绿沉漆，打破红黑漆的一统格局，佛教日兴，出现莲花纹、忍冬纹、飞天纹。

社会背景：唐代初期就出现了蓬勃进取的精神风貌，长时间的战乱和流离失所在江山统一后，人们的生活热情得以爆发。"贞观之治"带来了社会的稳定和文化上的空前繁荣。

家具特点：唐代的家具显现出它的浑厚、丰满、宽大、稳重之特点，体重和气势都比较博大，但在工艺技术和品种上都缺少变化。垂足而坐在当时已成为主流时尚，这更促进了高型家具的发展，圆凳、方凳、扶手椅、靠背椅、圈椅等家具已很普遍，因此高型桌案也应运而生。床榻类无多变化，以箱式床、架屏床、平台床、独立榻为主。

社会背景：结束了五代十国的动荡分裂，带来了较长时间的相对稳定。手工业的发展促进了宋代经济文化的高度繁荣。海外贸易的发展，加强了中外经济文化交流。

家具特点：是中国家具史上的重要转折时期，家具品种，样式近乎完备，制作工艺更为精湛。人们已完全改为垂足而坐，矮型家具渐被淘汰，高型家具广泛流行。家具借鉴建筑的梁架结构，取代了隋唐的箱型壶门结构。开始使用束腰、马蹄、蚂蚱腿、云兴足、莲花托等装饰；同时使用了罗锅枨、矮佬、霸王枨、马蹄脚等部件。不作大面积的雕镂装饰，局部点缀以求画龙点睛。

社会背景：明朝是中国历史上又一个稳定富强的时代，被称为中国封建社会的余晖。当时人文主义的兴起，市场经济的繁荣，市井生活富庶而丰富。

家具特点：发达的海外贸易带来了大量优质硬木材，生产技术的大幅度提高，因而，明式家具在选材、结构、构造、装饰等方面比宋代家具更趋完美和凝练。在家具与环境方面，发展出了适合于书斋、厅堂、卧室等不同环境的成套家具。

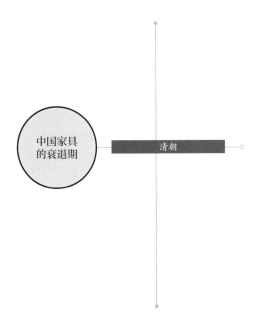

社会背景：清朝为中国历史上最后一个封建王朝。统治者不再闭关锁国，逐渐从天朝上国的思想中转变过来，使西洋文化传入国内，并对文化、艺术等方面产生了诸多影响。

家具特点：清朝早期的家具直接承袭明代的传统，形制、风格与明式家具无多大区别，但用料更为丰盈，除用硬木外，还选用优质软木。乾隆时期，家具生产达到了高峰，装饰手法之多样也史无前例，开始走向奇形巧制，繁纹重饰，从而形成了中国传统家具的另一种主流样式——清式家具。大体上可以归纳为三点：一是多种材料并用。无论是雕、嵌、漆、绘，还是骨、木、竹、玉、瓷、珐琅，都为家具装饰服务；二是多种工艺结合。有浮雕与透雕的结合，有雕与嵌的结合，雕嵌与描金的结合，有雕嵌与点翠的结合；三是装饰"多"和"满"。追求富丽堂皇之感，但有的过分追求奢侈，显得烦琐累赘。

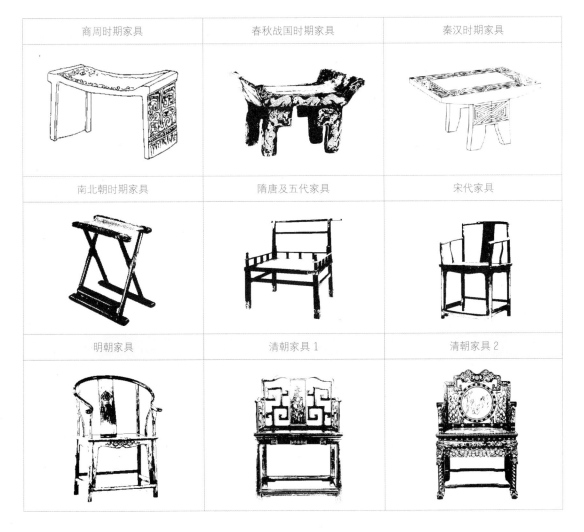

3. 中西方家具的差异化体现

中西文化的差异和思维方式的不同，导致家具造型也不同。中式家具以线造型，用丰富的线条来塑造家具；西式家具则以面造型，即使是曲线的形式，也用面和体加以表现。中式家具体现出含蓄、简约、文雅的气质，追求的是意境，而西式家具则追求写实和真实性。中式家具形式上对称，力求均衡、统一，而西式家具中有大量非对称造型的家具，故意打破了对称法则，视觉冲击力很强。

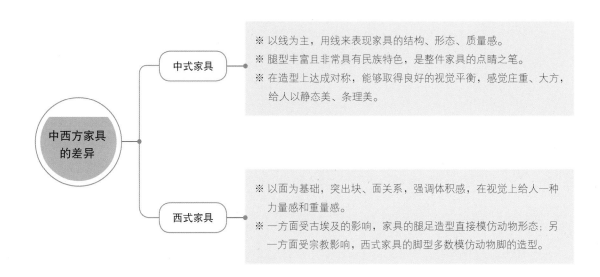

中西方家具的差异

中式家具
※ 以线为主，用线来表现家具的结构、形态、质量感。
※ 腿型丰富且非常具有民族特色，是整件家具的点睛之笔。
※ 在造型上达成对称，能够取得良好的视觉平衡，感觉庄重、大方，给人以静态美、条理美。

西式家具
※ 以面为基础，突出块、面关系，强调体积感，在视觉上给人一种力量感和重量感。
※ 一方面受古埃及的影响，家具的腿足造型直接模仿动物形态；另一方面受宗教影响，西式家具的脚型多数模仿动物脚的造型。

▲中式家具以线为主，造型对称、比例匀称。

▲欧式家具以面为造型构架，脚部模仿动物的形态设计。

▲ 中式家具常带有古朴的铜饰。　　　　　　▲ 欧式家具常带有植物纹样的浮雕装饰。

4. 家具未来发展趋势

（1）绿色环保型家具

　　随着资源的稀缺与环境的破坏，保护生态环境越来越被人们所重视。工业化进程虽然给人类生活带来便利，但同时也对自然环境造成了破坏。在这样的大背景之下，绿色环保的家具的出现与运用，在改善人类生活环境的同时，也考虑减少对环境的污染和对资源的浪费，这不仅顺应了时代的潮流，也是未来家具行业的大势所趋。

（2）智能技术型家具

　　纵观设计发展史，每次科学技术的进步以及新材料的发明都引起设计界的变革，使设计的范围无限扩大化。当今社会步入飞速发展的时期，新材料、新技术不断涌现，以科技为依托的家具设计正参与或影响着人们的生活，由于电子技术、计算机、网络的迅猛发展，家用电器与家具相结合，智能化、电子化、一体化的设计逐渐被广泛应用。如整体厨房的设计集餐饮、休闲、娱乐于一体，将整体橱柜与家用电器相结合，并且通过通信设备，使人们随时随地都可以对家中的设施发出指令，给生活带来了极大的便利。

（3）人性化型家具

　　未来家具将不仅在外观、材质、肌理、触觉等方面带给人新的视觉感官的满足和愉悦，同时也将使其功能性更人性化，通过细节的设计处处体现着人文关怀。比如"无障碍设计家具"就是在这种思想下产生的。除了满足正常人的生活需求之外，也能为特殊人群提供拥有更好使用功能的家具，展现人性化的家具发展。

三、家具与室内设计的关系

1. 家具和室内设计的共性

家具与室内设计存在一定共性的同时，也存在一定的区别。室内设计是通过色彩、材质、软装、硬装等元素来展现设计风格与理念的，而家具则是通过材料、结构、形式、功能来服务于人。

家具和室内设计的共性 —— 基本点都是建立在"以人为本"的理念上

家具和室内设计的共性 —— 根本目的都是为了满足人类生活的需要

室内设计往往会受地域、时代等外部大环境的影响。纵观不同时代、不同区域，会发现每一种风格的室内设计，都会有与该风格相匹配的同样风格的家具。例如中式风格，由于受到传统文化的影响，室内设计将中华传统精神与文化融入到生活空间中，或庄严肃穆，或淳朴自然，都体现了传统思想的渗入。而家具的布置讲究位置的工整对称，形成与传统社会的等级、伦理观念相符的环境氛围。

在生活中，氛围优雅、舒适的餐厅或咖啡厅，会以同样柔和、自然的家具进行搭配，让整个室内环境都十分悠闲随意；空间豪华的别墅或公寓，则常选用精致而奢华的沙发、橱柜、床等家具，使空间呈现出富丽与大气。

▲ 空间风格为自然朴素的北欧风格，家具的选择上以自然材质的为主，线条造型柔和、低调。

▲ 空间整体为法式风格，家具的选用延续该风格奢靡华丽的特性，以精致的雕花镀金家具为主。

2. 家具是室内设计中心呈现的载体

优秀的室内设计应该有个视觉中心，即能在整个空间脱颖而出的设计重点，它能给人以强烈的视觉冲击，是室内空间中的标志，也是反映空间特性和风格的点睛之笔。家具是能够呈现室内设计中心的重要载体之一，它可以单独或组合出现在空间中作为视觉亮点，也是设计师用来点明空间主题或特性时最常使用的工具之一。

▲ 室内造型各异且极具个性的家具，构成了空间的视觉焦点。

3. 室内设计对家具的制约

室内空间的大小已由外部建筑环境决定，并不是每个空间都可以根据室内设计进行随意的更改，因此制约了家具的选择。室内设计应充分考虑空间的大小来选择及布置家具。在一个较小的空间，家具尺寸不宜过大，否则会使原本不大的空间显得更沉闷、压抑。

▲ 小面积空间选择家具应以轻巧、实用为主。

▲ 大空间可容纳更多数量的家具，款式选择的限制更小。

四、家具在室内环境中的作用

1. 识别空间的作用

　　空间的功能性质很大程度上是由家具的类型所决定的，可以说家具是空间实际用途的直接表达者，比如摆放了床的空间便成为卧室，用来满足休憩需求；而摆放了餐桌与餐椅的空间，则是餐厅，用来满足进食需求。因此，家具可以充分反映出一个空间的使用目的及使用者的个人特征等，从而为空间赋予一定的环境意义。

▼沙发、茶几——客厅空间。

▼餐桌、餐椅——餐厅空间。

▲床——卧室空间。

▲书柜、书桌椅——书房空间。

2. 分隔与组织空间的作用

　　在现代室内空间设计中，为提高空间的使用率和灵活性，常常使用家具作为分隔空间的工具，将小空间或大空间进行重新的分隔和组织，给使用者形成心理暗示。如博古架形体通透，使用这类家具可以起到隔而不断的效果，使两个空间可以相互协调、渗透，在合理划分空间的同时，也增加了空间的灵动性。

▲玄关和客厅之间，以玄关柜做分隔。

3. 强调空间功能性的作用

不同的家具按不同的使用需求安排在不同的区域中，可以使空间自然而然形成具有自身功能特点的独立领域，即使家具之间没有明显的家具或构配件阻挡交通和视线，空间的独立性也能明显地为人所感知。在小户型中，由于面积小，无法使用墙体划分出那么多的独立空间，这时候家具就是空间功能的明确标尺。比如，在客厅的一个角落摆放连体的书桌跟书架，那么这个空间即使在客厅这个大的空间中，也能给人的心理以书房的功能印象。

◀较小的家居公共区域中，餐厅利用餐桌椅作为分区的标尺。

4. 装饰空间的作用

在早期的古典家具造型上，为了体现不同阶级之间的差别，家具设计上也有烦琐雕绘和简洁质朴的区别，但随着包豪斯时代的到来，家具设计越来越趋向于简洁化，虽然形体上没有过多的修饰，但它的功能性并没有改变，除了满足日常生活的需要外，也对不同风格空间存在美化装饰的作用。

5. 营造空间氛围的作用

不同造型、材料、色彩、装饰风格的家具对整个室内空间的气氛和意境起着不可忽视的作用。如欧洲古典家具给人以高贵、华丽、典雅的印象；中国传统的红木家具给人以稳定感，具有极强的民族特色等。每件家具都有自己的属性和特点，所以当把它放置在一个空间中，自然会对空间的气氛产生影响。

▲通过家具的外形、色彩和材质等，达到装饰室内的作用。

▲木质材料为主的家具，烘托出自然、轻松的氛围。

第二节

家具分类与尺度

一、家具常见分类

1. 家具的功能分类

室内家具按照使用功能可分为坐卧类、凭依类、陈列类、贮藏类以及装饰类五个大的类别，分别满足人们不同的使用需求。

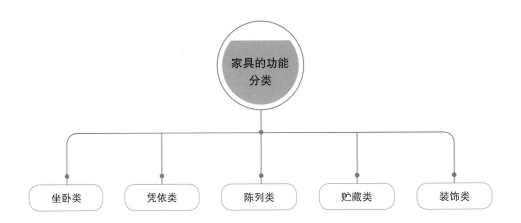

（1）坐卧类家具

坐卧类家具是家具中最古老和基本的类型，它的演变反映出社会需求与生活方式的变化，浓缩了家具设计的历史，是家具中较有代表性的一种，也是家居生活中不可缺少的必需品。坐卧家具是使用时间长和接触人体多的基本家具类型，可分为椅、凳、沙发、床、榻五个种类。

沙发：沙发属于室内必备家具之一，不仅可以用在客厅中，书房、卧室甚至是阳台中，都可以摆放沙发用来坐卧。沙发可以分为高背沙发、低背沙发和普通沙发三种，其中普通沙发是家居中的主流，按照样式又可以分为四人沙发、三人沙发、双人沙发、单人沙发、L 型沙发以及弧形沙发等，适合不同的居住空间以及不同的组合形式。

● 家具的使用功能

家具的使用功能，是指家具的具体作用，人们所使用的家居中有供人坐卧的家具，也有可供人学习、书写的家具，而还有一些则完全是起到装饰作用。

名称	特点	例图
四人沙发	◎ 体型最大，可供 5～6 人同坐 ◎ 长度 2320mm～2520mm ◎ 深度 850mm～900mm ◎ 墙面长度不小于 4 米，比例会更舒适 ◎ 适合大面积空间，做主沙发	
三人沙发	◎ 体型较大，可供 4～5 人同坐 ◎ 长度 1750mm～1960mm ◎ 深度 850mm～900mm ◎ 墙面长度不小于 3 米，比例会更舒适 ◎ 适合大空间及中等空间，适合做主沙发 ◎ 大空间中也可作辅助沙发	
双人沙发	◎ 体型适中，可供 2～3 人同坐 ◎ 长度 1260mm～1550mm ◎ 深度 800mm～900mm ◎ 墙面长度不小于 2 米，比例会更舒适 ◎ 适合中等空间及小空间 ◎ 最常用来做辅助沙发，小空间可做主沙发	
单人沙发	◎ 体型适中，可供 2～3 人同坐 ◎ 长度 800mm～950mm ◎ 深度 800mm～900mm ◎ 适合中等空间及小空间 ◎ 最常用来做辅助沙发 ◎ 小空间可做主沙发	
L 型沙发	◎ 带有拐角，可供 5～6 人同坐 ◎ 主体部分长度 1750mm～1960mm ◎ 深度 850mm～900mm ◎ 墙面长度不小于 3 米，比例会更舒适 ◎ 适合中等空间及小空间 ◎ 适合做主沙发	
U 型沙发	◎ 整体成 U 形 ◎ 可供 5～6 人同坐 ◎ 墙面长度不小于 4 米，比例会更舒适 ◎ 适合大空间及中等空间 ◎ 适合做主沙发 ◎ 围合式造型，使交谈者之间具有亲切感	

凳类家具：在坐卧类家具中，马扎是最早出现的一种，它就是凳子的前身，而凳子是椅子的原始形态，在凳子上加一个靠背就变成了椅子。凳子最初是用来踩踏供人上马、上轿时使用的，也称马凳、轿凳。

凳子的用料、造型相对简单，体积小、移动灵活，用途很广泛。凳子的形状很丰富，长方形是最早期的形状，到了清代出现了方形、圆形、扇面形、梅花形、六角形等造型的凳子。

名称	特点	例图
条凳	◎ 也叫板凳，为长条形，仅能供一人使用 ◎ 最常见的为四条腿的款式，也有两条腿的样式 ◎ 造型多简洁，花样较少 ◎ 常见为木质，也有少数皮质和藤等材料	
长凳	◎ 长条形，可供 2~3 人同坐 ◎ 款式较少，造型变化主要是在坐卧的凳面上 ◎ 材料以木质为主，有的款式凳面会搭配皮料或布料	
圆凳	◎ 也叫圆杌，是一种杌和墩相结合的凳子 ◎ 形状较多，有圆形、海棠形、梅花形等 ◎ 多带束腰 ◎ 用料珍贵，如红木、楠木等 ◎ 中式传统家具之一	
方凳	◎尺寸较多 ◎样式变化较丰富，材质多样 ◎容易翻倒，坐卧需小心谨慎 ◎中式传统家具之一	

名称	特点	例图
墩凳	◎ 没有四条"腿" ◎ 两端小中间大的腰鼓形 ◎ 可以柔化方正的建筑线条 ◎ 容易翻倒，坐卧需小心谨慎 ◎ 中式传统家具之一	
储物凳	◎ 多为方形或长条形 ◎ 表面可坐卧 ◎ 下方可贮藏物品 ◎ 材质有实木、板材、布艺、皮革、藤艺等 ◎ 非常适合小户型	
床尾凳	◎ 多为长条形，用在床尾 ◎ 可防止被子滑落、放置衣物或坐卧 ◎ 属于西式家具 ◎ 多为实木框架，面层搭配布艺、皮革等	
化妆凳	◎ 供人梳妆时使用的小凳子 ◎ 款式、风格多样 ◎ 体积较小，方便移动 ◎ 常用材质有实木、布艺、皮革等多种类型	
脚凳	◎ 最矮的一种凳子，也叫脚踏 ◎ 在古代时其主要作用是用来踩脚 ◎ 现代多用来垫脚 ◎ 也可供人坐卧 ◎ 移动方便，使用位置可灵活变动	
吧凳	◎ 座位离地较高 ◎ 无靠背或靠背面积较小 ◎ 部分款式可以旋转 ◎ 多以木质和金属为框架	

椅类家具：椅子是现代生活中，运用较多的一种家具，它既可以与沙发组合使用，也可以单独使用。椅子的形态源于凳子，凳子加上靠背就变成了靠背椅，再加上扶手就成为了扶手椅。

随着生活和科技水平的不断提高，椅子还延伸出了很多新的形态和用途，例如摇椅、躺椅、折叠椅等，比沙发的作用更多使用方式也更灵活。

名称	特点	例图
圈椅	◎ 圈背连着扶手，从高到低一顺而下 ◎ 造型圆婉优美，体态丰满劲健 ◎ 中式古典家具之一，起源于唐代 ◎ 古典中式风格的家具中，圈椅材质主要是各种实木为主，如黄花梨、檀木等 ◎ 新中式风格中，圈椅也会使用现代的金属、塑料、玻璃等材料	
躺椅	◎ 出现时期为清代 ◎ 有分体和连体两种款式 ◎ 材质较多，常见的有木质、藤、塑料、皮革、布艺、合金等	
折叠椅	◎ 可以折叠起来进行收纳 ◎ 方便携带、贮存，节省空间 ◎ 框架多为以金属材料 ◎ 面料多为各种布料或皮料 ◎ 分为软面和赢面两种类型	
靠背椅	◎ 仅有靠背，没有扶手 ◎ 款式、造型多样 ◎ 比扶手椅占地面积小 ◎ 材质可选择性较多，常见的有木质、金属、皮革、布艺等	

名称	特点	例图
摇椅	◎ 腿部为弧度造型 ◎ 可前后摇晃 ◎ 多为躺椅造型 ◎ 款式较单一 ◎ 材质多为竹、藤等自然材料	
扶手椅	◎ 除圈椅外，所有带扶手的椅子 ◎ 款式、造型多样 ◎ 比靠背椅占用面积大一些 ◎ 框架部分和椅面，常采用两种或多种材质组合	
转椅	◎ 上半部分多为扶手椅 ◎ 下部分带有转轴，可 360° 旋转 ◎ 多为工作椅 ◎ 椅面有皮革、布艺等多种材料 ◎ 可旋转部分多为金属材质	
吊椅	◎ 吊椅由支架、悬吊件和座椅三部分组成 ◎ 最具代表性的是鸟巢椅和泡泡椅 ◎ 常用材料有藤、亚克力、金属等 ◎ 可以随着使用者的用力而自由摇晃 ◎ 占地面积较大	
球形椅	◎ 是从圆形的球体中挖出一部分使它变平，形成的一个围合空间 ◎ Aarnio 的基本创意手法，属于一个时代的象征 ◎ 主体原料为玻璃纤维 ◎ 能够给乘坐人一种安全的感受 ◎ 椅子的球形部分可以转动	

床、榻类家具：人生的三分之一的时间是在床上度过的，所以床是家居中不可缺少的一种家具。现代的床不仅仅是一种实用的家具，更是一种装饰品。床有许多种类，除了常见的单、双人床外，还有抽拖床、立柱床、双层床等，适合不同人群。

榻是比床体积更小的一种可坐可卧的家具，目前常见的有贵妃榻和罗汉床两类，适合短暂的休息，在卧室内摆放床、榻组合，能够满足不同时段的休息需求。

名称	特点	例图
双人床	◎ 宽度为 1500mm ～2200mm ◎ 长度为 2000mm ◎ 可供 2 人同时使用 ◎ 造型多样，款式精美 ◎ 常见材料有布艺、皮革、实木、板材、铁艺等	
单人床	◎ 宽度为 720mm ～1200mm ◎ 长度为 2000mm ◎ 可供 1 ～2 人同时使用 ◎ 造型较多，但少于双人床 ◎ 常见材料有布艺、皮革、实木、板材、铁艺等	
圆床	◎目常见的双人圆床尺寸为 2400mm×2700mm、2600mm×2900mm、2600mm×2520mm 等 ◎占地面积大，可供 2 ～3 人同时使用 ◎造型新意，色彩多样 ◎非常适合年轻人使用，特别是新婚家庭	
立柱床	◎尺寸与双人床相同 ◎可分为中式和西式两类 ◎中式床上方有"梁"，西式床仅有立柱 ◎床的框架多以实木为主 ◎床多带有精美的雕花装饰	

名称	特点	例图
双层床	◎ 宽度为 720mm ~1200mm ◎ 可供 2 ~3 人同时使用 ◎ 分为上、下两层 ◎ 下层宽于上层，或宽度相等 ◎ 适合孩子多且面积小的家庭 ◎ 款式较少 ◎ 多为实木材料	
高架床	◎ 宽度为 720mm ~1200mm ◎ 可供 1 人使用，分为上、下两层 ◎ 上层用于睡眠，下层为书桌或收纳空间 ◎ 款式较少 ◎ 多为实木材料 ◎ 可供儿童或单人使用	
抽拖床	◎ 宽度为 750mm ~1500mm ◎ 长度为 2000mm ◎ 可供 1 ~2 人同时使用 ◎ 下层可隐藏，也可抽出来作为单人床使用 ◎ 造型较少 ◎ 材料以实木居多	
贵妃榻	◎ 面积小，可坐可躺 ◎ 做工精致，形态优美 ◎ 分为中式和西式两种 ◎ 款式、造型多样 ◎ 中式多为木质，西式多为木框架，组合布艺、 丝绒等	
罗汉床	◎ 面积中等，可坐可躺 ◎ 能够同时供 2 人使用 ◎ 中式古典家具之一 ◎ 款式较少 ◎ 做工精致，多带有雕花、镂空等工艺手法 ◎ 以实木为主，如红木、楠木等	

（2）凭倚类家具

凭倚类家具是指人们在生活和工作中进行凭依及伏案工作时与人体直接接触的家具，它介于坐卧类家具与贮藏类家具之间。总的来说，凭倚类家具在使用方式上可分为桌台与几两大类。

桌台类家具：桌台类家具需要与坐卧类家具组合使用，尺寸宜与其配套选择，否则使用不便。桌类供人在坐姿状态下使用，台类家具在坐姿、站姿均能使用。它们在人们的工作和生活中有着重要作用。桌台类家具的构成主要有三部分，一是台面部分，供人们进行活动；二是抽屉部分，主要用来储物，也有一些桌台会使用开敞式的格子；三是腿的部分，负责支撑。

名称	特点	例图
餐桌	◎ 常见的有长条形、圆形和方形三种 ◎ 长方形餐厅适合使用长条形餐桌，方形餐厅较适合使用圆形或方形餐桌 ◎ 如果一侧餐椅需要靠墙，选择餐桌尺寸时，还应将餐桌距离墙边的距离考虑进来，一般为80cm 左右	
写字桌 / 台	◎ 尺寸较小、重量轻的可定义为写字桌，形式灵活，可以仅是一个桌面，也可以带有储物部分 ◎ 尺寸较大、重量大的可定义为写字台，是办公班台的简化版，除桌面下方有抽屉外，支撑部分通常也是抽屉	
吧桌 / 台	◎ 吧桌 / 台的常规高度为 1050mm ～1300mm ◎ 吧桌可以随意的移动位置，占地面积小，除餐厅外还可用于客厅、阳台、休闲区等处 ◎ 吧台的位置比较固定，无法随意的移动，通常用于餐厅或休闲区中	
梳妆台	◎ 分为独立式和组合式两种 ◎ 独立式梳妆台是独立的，可以随意移动，装饰效果突出 ◎ 组合式梳妆台的梳妆台与其他家具连接在一起，适合小户型 ◎ 标准高度为加镜子 1500mm 左右，宽度为700mm ～1200mm	

几类家具：几类家具属于辅助性家具，多数几类都需要与坐卧类家具组合使用，摆放一些日常生活中的常用物品，也有少数几类是起到纯粹的装饰作用，如花几和条几。

此类家具统一的介绍是造型简洁，即使是华丽风格中的几类，也不会太过笨重，均轻便且易于移动。现代家具中的几类并不全部是低矮的，在与空间内的主体家具组合时能够形成高低错落的效果，是丰富室内空间整体层次感的好帮手。

名称	特点	例图
茶几	◎ 现代茶几不再仅限于规则的长条形、方形和圆形，还有椭圆形、不规则形状和圆弧边角的三角形等 ◎ 常见材料有玻璃、实木、金属、大理石、藤竹、亚克力等 ◎ 与沙发组合时，高度宜在 400mm 左右，最高不宜超过沙发扶手的高度	
边几	◎ 摆在两个沙发中间的小几，就称为边几 ◎ 可用来摆放生活用品也可用来摆放装饰品 ◎ 尺寸较茶几小，高度选择较灵活，可与沙发等高，也可比沙发高或低 ◎ 造型多样，材料组合丰富 ◎ 可灵活移动，使用更便利	
角几	◎ 非常小巧，可灵活移动 ◎ 造型多变，类似于高脚凳 ◎ 用来摆放在角落、沙发边或者床边 ◎ 尺寸较固定，长宽方向通常不做太大改变，只在高度上做区别 ◎ 可分为单层款式、双层款式、带置物架的款式、带抽屉的款式以及创意款式等	
条几	◎ 中国古代传统家具之一，为长条形的几案 ◎ 明清时是家居中的必备品，现代则属于装饰性家具 ◎ 造型简单，易于移动 ◎ 主要用来摆放装饰品和花卉等 ◎ 款式可选择性较多，现代使用的条几不再仅限于中式风格	

（3）陈列类家具

陈列类家具的作用是展示工艺品、收藏品或书籍。在中国古典家具中，其最基本形式，是以立木为四足，四足间加横枨、顺枨承架格板，用横板将空间分隔成若干层，最低一层格板之下安牙条及牙头。具有敞亮大方、存储便捷、装饰性强等特点。发展到现代，陈列类融合了多种国际风格，除材料的组合多样化外，造型上也做了诸多的变化。

名称	特点	例图
鞋架	◎ 鞋架是完全开敞式的，无柜门，更便于存取 ◎ 可分为可移动和固定式两种 ◎ 可移动式存储量较少，可以随意移动位置，款式较多 ◎ 固定式多用在更衣间内，存储量大，款式较少 ◎ 相比鞋柜来说，款式少，装饰效果不及鞋柜	
书架/格	◎ 比起书柜来说，书架/格的体积更轻盈，展示性更强 ◎ 常用材料为木料、金属以及木料和金属组合等 ◎ 常见的造型形式为悬挂式、钢木结合式、倚墙式、嵌入式、独立式和隔板式，其中多数种类可以进行二次拆装组合	
博古架	◎ 古时用来陈列古玩，又称"百宝架""多宝架""什锦格" ◎ 中国古典家具中特有的款式 ◎ 始见于北宋宫廷、官邸，于清代开始兴盛 ◎ 现代家具中，可分为中式古典风格和新中式风格两大类	
置物架	◎ 可以灵活增加各空间收纳量的小件家具，常用于卫浴间、厨房等处 ◎ 分为整体落地式和台面式两类，前者放置于地面上，后者可放在台面上 ◎ 除了常规的长条形款式外，还有可以充分利用角落的三角型款式	

（4）贮藏类家具

贮藏类家具是用来整理和收藏生活中琐碎、凌乱的衣物、消费品、书籍等物品的家具，可以让生活空间变得井然有序，主要为各类柜子。它们具有较高的实用性，除了可以购买成品外，还可以进行定制。柜子的材质主要以木材为主，其他材质相对较少，但不代表柜体是缺乏装饰效果的，五斗柜、角柜的装饰性就比较强。

名称	特点	例图
电视柜	◎ 现今电视柜的主要作用是摆放影音设备以及装饰空间 ◎ 可分为独立式和组合式两种 ◎ 独立式电视柜装饰性强，选择性多，方便移动 ◎ 组合式电视柜带有较多的存储空间，更实用	
玄关柜	◎ 主要有两种形式，一是低矮的装饰柜，二是组合式的衣帽柜 ◎ 装饰柜装饰性更强，还可以收纳一些小物品或兼做隔断 ◎ 组合式的衣帽柜集鞋柜、衣帽柜和穿衣镜等为一体，更倾向于实用性，但其高度不宜超过大门	
鞋柜	◎ 鞋柜多为长条形，厚度为 300mm~400mm ◎ 除平板结构外，还有翻板结构和入墙式结构，后两种更适合小玄关 ◎ 常用材料有木质鞋柜、电子鞋柜和消毒鞋柜等	
书柜	◎ 书柜除了可以收纳书籍让书房更整洁外，还具有装饰性作用 ◎ 材料多为实木或人造板 ◎ 宽度没有统一的选择标准，但家用书柜高度不建议超过 2100mm ◎ 无论是定制还是购买均需要根据家中藏书种类，全面考虑各部分的尺寸	

名称	特点	例图
衣柜	◎ 可分为移门衣柜、推拉门衣柜、平开门衣柜和开放式衣柜四类 ◎ 长度可任意选择 ◎ 衣柜外部整体进深的适宜尺寸为 550mm~600mm ◎ 内部进深的适宜尺寸为 530mm~580mm	
酒柜	◎ 酒柜并不限定于摆放在餐厅中，也可以放在客厅或休闲区中 ◎ 它除了储存酒类外，还兼具展示、装饰、备餐、隔断等作用 ◎ 可分为实木酒柜和合成酒柜两类，前者较美观，后者较专业 ◎ 家用酒柜长度和宽度没有统一尺寸标准，但高度不建议超过 1800mm	
床头柜	◎ 床头柜属于卧室内的常用家具，但并非必备，当卧室面积小时可以舍弃或用其他家具来兼代 ◎ 床头柜的尺寸应与床的高度保持一致，或略高于床 10mm 以内 ◎ 常见的有抽屉式、搁架式以及抽屉和搁架组合等多种造型	
斗柜	◎ 可在室内各空间中使用的收纳家具 ◎ 常见的有三斗柜、四斗柜、五斗柜、七斗柜等 ◎ 由多个抽屉组成，主要用于收纳小型物品，功能比较单一 ◎ 造型以长方形最为多见	
角柜	◎ 角柜的背面为垂直角，可以刚好嵌入到墙角中 ◎ 是能够充分利用空间边角的家具 ◎ 造型比较单一，整体都为三角型，尽在外侧边沿做斜线或弧线变化 ◎ 款式都比较美观，兼具装饰性和实用性	

名称	特点	例图
边柜	◎ 边柜是放在空间空处或一侧墙边使用的收纳柜，多为低柜 ◎ 常见的有餐边柜、沙发边柜、过道边柜、卧室边柜等 ◎ 除了可以储物外，柜体台面上还可摆放一些装饰品来美化空间	
隔断柜	◎ 有两种常见形式，一是底部为柜体上方为隔断；二是左侧或右侧为柜体，另一侧为隔断 ◎ 多用在玄关、客厅或餐厅中 ◎ 兼储物、装饰及分隔空间的多种功能性为一体 ◎ 可购买成品也可"量体定制"	

（5）装饰类家具

　　装饰性家具与其他种类的家具均有重叠，并不是指单独的一类家具，而是此类家具除了具有家具的正常功能外，还具有很强的装饰性，表面通常带有贴面、涂饰、烙花、镶嵌、雕刻、描金等装饰性元素。可以作为一种装饰品和艺术品对家居环境进行装点。

描金类	雕花类	涂饰类

2. 家具的材质分类

（1）木质家具

　　木材作为天然材料，在自然界中蓄积量大、分布广、取材方便，具有优良的特性，是最常用的传统装饰材料。具有自然、朴素的特性，被认为是最富于人性特征的材料。因此即使在新材料层出不穷的今天，它在家具设计中仍占有举足轻重的地位。

木类材料的主要类别

实木：原料为各种天然木材的树干

板材：原料为木块、薄木片、木纤维或木颗粒

　　实木家具：是以实木原料制作的家具，常用原料有：橡木、榉木、柚木、水曲柳、榆木、杨木、松木、柞木、黄花梨、檀木等，原料天然、环保、无污染，具有天然的香味，能够净化空气。此类家具具有自然的纹理和光泽，淳朴典雅，触感温润舒适。珍惜品种的实木家具，具有收藏价值和升值空间，可传代使用。

◀ 实木家具质感天然，放在空间中，可以提升整体装饰的品质感。

板式家具：以人造板为主要基材，木皮为面材，五金件为连接的组合式家具。常用的原料有：禾香板、胶合板，细木工板、刨花板、中纤板等。原料中胶含量高，易有污染，可拆卸、造型富于变化、外观时尚。不易变形、质量稳定、价格实惠。

◀ 板式家具以柜子居多，此类家具组装方便，可根据空间大小进行定制设计，设计起来非常便利。

板木结合家具：框架使用实木，侧板、底、顶、搁板等部位使用高温一次合成板材组合制成的家具。市面上销售的"实木"家具的主流，框架部分有很好的承受压力，并且不易破损。集实木和板式家具优点为一身，不易变形，不怕干裂，性价比高，比板式家具寿命长。

◀大面积的使用实木柜子造价很高昂，可以使用板木结合的材质来代替全实木，装饰性类似实木，还可节约资金。

（2）布艺家具

布艺家具属于软体家具，框架为实木、板材或金属，中间为聚氨脂泡沫、羽绒、人造棉等弹性材料，表面为布料。此类家具具有触感舒适，花色丰富，款式和造型多种多样、透气性良好、防敏感，容易清洗等特点。常用的布艺家具材料种类包括：天然棉麻、锦纶、涤纶、丝绸、灯芯绒、丝绒、麂皮绒等。

◀ 布艺家具的表面材质非常多样化，且可选择颜色也很多，是非常容易搭配的一种家具。搭配时，可组合反差较大的材质，如金属、大理石等，来丰富整体层次。

（3）金属家具

金属家具的常用材料包括：铁、不锈钢、碳素钢、钢等，由于金属材料的坚韧性，使金属家具拥有通透冷硬的现代美感。同时还具有绿色环保，防火、防潮、防磁，极具个性，结构多样，有的可折叠，性价比高，绿色环保，可重复利用，防火、防潮、防磁等优点。但使用不同工艺、形态的金属家具，也可以达到纤细柔美的视觉效果，整个家具都表达出柔中带刚的韧性美。

◀ 金属家具具有独特的现代感，但使用时舒适感会略低，尤其是制作座椅时，因此，若追求舒适感，可选择框架为金属，其他部分带有软体材质的款式。

（4）皮革家具

　　皮革家具的制作材料可分为天然皮和人造皮两种。与布艺家具一样，同属软体家具，结构与布艺家具基本相同，只是将表面材料由布料换成了皮革。此类家具具有良好的耐热，耐湿、通风，伸缩均匀，不易褪色。手感舒服，具有极好的装饰性，给人高级感。

◀ 好的皮革家具，使用的时间越久，表面的光泽感越独特。为了避免皮革发生移位，当家具的体积较大时，更建议选择绗缝或拉扣的款式。

（5）藤竹家具

　　此类家具以藤、竹为原料，通过编织、雕刻等工艺制成。可组合使用也可单独使用，天然环保、无毒害、精巧、轻便、坚实、耐用。冬暖夏凉，吸湿、吸热，具有质朴、自然的装饰效果。

◀ 藤竹家具的自然特征较为明显，因此使用限制也比较大，它更适合用在田园、东南亚、地中海等具有自然感的风格中。

3. 家具材质的选择方法

（1）与整体风格统一

在进行室内设计时，为了保证空间风格的完整性，家具的选择也要和空间风格统一，而材质的不同往往会影响家具装饰效果的呈现，比如同样造型的单人椅，如果是全金属材质，那么就比较适合现代感强烈的空间；如果是实木材质，则更适合于中式、欧式等古典韵味浓厚的空间。因此，在不同风格的空间中，除了要抓住家具造型的统一性，也要注意家具材质的协调。

▲素雅的布艺家具，可以很好地体现出北欧风格的特点。

（2）注意日常安全

如果是有老人或儿童的家庭，那么家具材质的选择就要格外注意。比如金属、玻璃等材质的家具，一般质地较为坚硬，在日常生活中可能对儿童和老人造成安全威胁，不适合选用。在确定家具风格以后，可以尽量选择柔软安全的材质进行装饰，比如布艺家具或藤制家具。

如果实在需要质地坚硬的家具进行室内布置，那么在选择时要注意材质的安全性能是否达标。

▲比较来说，软体家具的安全性更高一些，更适合人口多的家庭。

（3）根据使用环境选择

由于空间功能的不同，有些空间需要使用特定的家具材质。例如，厨房为油烟重地，因此家具应该选择耐高温、耐磨损的材质；而卫浴间由于水雾湿气较重，家具材质要防水防潮。根据环境、特定区域的功能要求选择家具材质，不仅可以延长家具使用寿命，也能为日后减少不必要的麻烦。

▲卫浴间内比较潮湿，因此对家具的防水性要求高。

4. 家具的工艺分类

（1）拼花工艺家具

16 ~ 17 世纪，西方贵族追求享乐，为室内艺术提供了前所未有的发展机遇，艺术家发展出了众多种工艺，其中"拼花镶嵌"是流传最广泛的一种。此种制作工艺以小块碎料为组成单位，组成各种几何纹样，而后将其用在桌面、几面、柜面、椅座等位置。可有效地节约木材用量，经济且效果美观。

◀ 拼花家具的复杂程度可根据室内风格来选择，如北欧风格的室内，可选择简单拼花的款式；若为古典欧式或法式风格，则更适合使用复杂拼花的家具。

（2）油漆工艺家具

油漆工艺是家具制作使用频率最高的一种，看似简单却蕴含着一代代工匠的不断探索的精华，是诸多文化元素综合的产物。漆艺能够美化木质家具，增加立体感。中国古代漆艺非常发达，具有悠久的历史，所有风格的家具都会使用油漆工艺，区分它们特点的重要元素就是漆调。

◀ 选择有色漆来涂刷家具时，整套家具在整体上适合使用同一种颜色，若追求个性，可局部涂刷其他色彩，但若为现场制作，施工方面会很麻烦，可以定制成品。

（3）鎏金工艺家具

在实木家具上，用金箔、银箔等覆盖在带有雕花的表面上，或用金线、银线等随着雕花的起伏描边的做法，是中国传统工艺，源于东晋，成熟于南朝，自18世纪开始席卷英国，英式、法式家具开始大量使用鎏金做装饰。古典家具中具有代表性的有"凡尔赛玫瑰"和"英吉利经典"等，现代家具很少大量的使用鎏金工艺，多用做局部装饰，对整件家具起到画龙点睛的作用。具有低调奢华的装饰效果。

◀ 经过鎏金工艺处理后的家具，使用时需根据空间面积来决定数量，如果空间面积较大，可以选择鎏金覆盖面积较大的款式，使用数量也可多一些，反之，则应选鎏金较少的款式，数量一两件即可。

（4）做旧工艺家具

做旧不是造假和单纯的仿制，而是表达一种向往、回归自然的情怀。主要使用对象为实木家具，其基材处理和涂装方式上与普通家具有很大的区别。做旧家具具有沧桑感，能够表现品味。虽然表面看起来陈旧，但价格却比较高昂。

◀ 经过做旧处理的家具有一种历经沧桑的淳朴感，非常适合用来提升空间整体装饰的品位。

（5）彩绘工艺家具

　　家具的彩绘工艺起源于 14 世纪的法国，后由意大利人将其发扬光大。在明清时期因西式文化的传播，中式家具开始比较多的使用彩绘工艺，清式家具也成为了中式彩绘家具的典型代表。现代家具上的彩绘工艺与古典家具区别较大，图案更丰富，或采用大面积彩绘，有的还会搭配雕刻和鎏金工艺。彩绘家具有非凡的艺术感，是美学与实用性的完美结合。

▶ 在室内摆放一件款式适合的彩绘家具，可以增添艺术感和别样的美感。

（6）雕花工艺家具

　　雕花工艺常见的做法为：阴雕、浮雕、圆雕、透雕等，是高端家具的工艺之一。阴雕仅在家具表面做凹陷下去的雕刻；浮雕分为深雕和浅雕，与阴雕相同都作用在表面，但它更具立体。圆雕是三维立体雕刻手法，从各个面都能够观赏到雕刻的花纹。透雕是浮雕的进化，将一部分浮雕花，纹做镂空处理，具有灵秀之气。

◀ 非常明显而又夸张的雕花，并不是所有的风格均适用，比较简约的风格中，如现代美式风格，可选择局部略带一点阴雕或浮雕的家具，即可增添精致感又不会使人感觉突兀。

5. 家具工艺的选择方法

在选择家具的制作工艺时，可以从室内风格着手，不同的工艺具有不同的特点，例如鎏金工艺华丽、做旧工艺质朴等，每一种室内风格也有其对应的个性，选择与风格特征相符的工艺，才能使最终的装饰效果具有统一的美感。

例如，在所有的工艺做法中，油漆工艺是最为百搭的，适合所有风格的室内空间；能够增添华丽感的鎏金工艺则更适合欧式、法式等风格；做旧是美式乡村风格的一大显著特征，因此非常适合选择做旧家具，除此之外，地中海、东南亚等空间也可适量摆放做旧工艺的家具；彩绘和雕花适合用来表现欧式、地中海、美式、中式、现代、东南亚等多种风格的特征，使用时选择适合的图案类型即可；拼花工艺则需要根据其样式和复杂程度来搭配，即使是简约的北欧风格，也会有适合的拼花样式。

◀ 简欧风格的空间中，用一个带有局部雕花的梳妆台与白色油漆工艺的电视柜组合，雅致而又不乏精致感。

◀ 黑色做旧处理的茶几，为现代中式风格的客厅，增添了一丝沧桑感。

6. 家具的造型分类

（1）抽象理性造型

　　抽象理性造型的家具一般是以现代美学为基准，主要采用纯粹抽象几何形。具有简练的风格、明晰的条理、严谨的线条和优美比例，在结构上呈现几何的组合。抽象理性造型家具是现代家具造型的主流，它不仅能在视觉美感上表现出理性的现代精神，而且具有很高的实用价值。

◀ 小书房内，摆放一张抽象的几何造型的书桌，无须复杂的硬装，也可成为空间中的亮点。

（2）有机感性造型

　　有机感性造型的家具具有优美的曲线，灵感多来自于优美的生物形态或现代雕塑，因此家具带有自由而富于感性的效果。有机感性造型的家具常使用新型材料，它突破了只有曲线或直线组成形体的单调的范围，运用现代造型手法和工艺，在满足功能的前提下，灵活运用在家具造型中，从而达到生动有趣的独特效果。

◀ 沙发的外形线条流畅，造型充满立体雕塑般的艺术感，营造生动感性的氛围。

（3）传统造型

中外历代传统家具的优秀造型被继承和学习，将现代生活功能和材料结构与传统家具的特征结合起来，呈现出具有传统风格样式的新型家具。传统造型的家具造型精美、工艺精细，充满了优雅、大气的古典韵味，起到复古、高雅的装饰效果。

◀ 造型简化后的欧式沙发，适用范围更广，但仍可见其传统造型的身影。

◀ 将传统的中式家具加入现代夸张手法予以一定的变形后，融现代感与古典韵味于一体。

7. 家具造型的选择方法

（1）符合空间尺度

家具造型的选择在满足功能要求的基础上，在不同的空间中，尺度也要有所变化。

如在层高较低的空间中，室内家具的造型在纵向上不能够过于狭长，否则会让整个空间都充满压迫感；而大空间室内的家具应有较大的尺寸，家具的造型可以复杂、夸张化，以充实空间并体现大空间的气质；而面积小的空间，则更适合造型较为简约的款式，款式也应小巧一些。

▲ 面积较小的空间内，搭配一张小巧但造型灵动的床，比例舒适，且充满灵动感。

（2）空间构图均衡

家具造型的多样化，会导致线条层次的多变性，而在室内设计时，线条不流畅或层次复杂，会给人混乱、不舒服的视觉感受。

因此，在确定家具的具体造型时，需要从整个空间构图上考虑其均衡感，不可使人感觉过于突出，但家具作为空间的主体也不宜过于平淡，把握好"度"，才能够获得轻松、融洽的感受。

▲ 不同明度的粉红色与蓝绿色组合，活泼且舒适。

（3）整体统一中有变化

在选择家具造型时，还需注意保持与整体空间的统一性，在此基础上，再通过造型细节的差异，塑造显著对比的感觉，进而取得生动、活泼、丰富、别致的效果，使家具整体布置协调，细节生动。

▲ 两张座椅在风格与整体统一的基础上，造型形成了弧线与直线的对比，使空间中的细节更生动。

二、家具的尺度确定

1. 以人身体为基础确定家具尺度

家具存在的意义首先是满足人们的生活需求，其次才是美化环境，因此，在选择家具时，应"以人为本"，将使用者的身高及身躯各部分的尺寸作为选择家具尺寸的首要标准。这种方式，也可以理解为用人的身体来测量，只有这样确定的家具尺度才能让使用者感觉舒适。

目前使用的公尺法，就是将地球周长的四万分之一定位一米的方法，在公尺法普及之前，人们多采用身体的一部分来测量物体的大小，例如"尺"这个汉子的象形就是"将拇指与其他四指完全张开以测量长度的样子"。在美国，有英寸、英尺和码三种常用单位，英尺就是脚，可以看出它也是从身体的尺寸得来的。

模板是设计建筑空间或使用建材时采用的单位尺寸或尺寸体系，其中最有名的就是法国的勒·柯布西耶所倡导的"模度"系统，这个尺度系统源自于勒·柯布西耶的《模度》一书，就是柯布西耶从人体尺度出发，编写的理论。

实际选择家具时，使用者应将鞋子脱掉后坐在椅子或沙发上，体验靠背的角度、脚能否着地、大腿内侧是否有压迫感等，均感觉舒适才是最合适的尺寸。

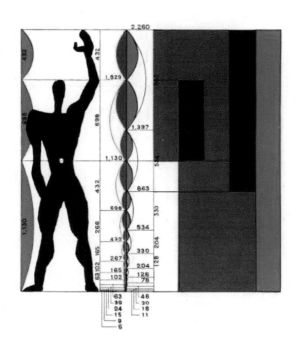

▲ 勒·柯布西耶的模度。

● **勒·柯布西耶**

瑞士裔法国建筑师、城市规划家、作家、画家，是20世纪最重要的建筑师之一。他是现代主义建筑鼻祖，是功能主义建筑的泰斗，被称为"功能主义之父"。是采用钢筋混凝土建造住宅楼和制定高层城市规划的先驱。

● **《模度》**

《模度》是勒·柯布西耶从人体尺度出发，选定下垂手臂、脐、头顶、上伸手臂四个部位为控制点，与地面距离分别为86cm、113cm、183cm、226cm。这些数值之间存在着两种关系：一是黄金比率关系；另一个是上伸手臂高恰为脐高的两倍，即226cm和113cm。利用这两个数值为基准，插入其他相应数值，形成两套级数，前者称"红尺"，后者称"蓝尺"。将红、蓝尺重合，作为横纵向坐标，其相交形成的许多大小不同的正方形和长方形称为模度。

2. 从人们生活或工作的活动范围和姿态变化，考虑家具尺度

　　人们在生活或工作中，姿态并不是一直固定的，无论人进行什么操作，在平面或立体空间中都有四肢能触及的范围，这个范围被称为"作业空间"。"作业空间"不仅关系到使用物品的方便性和减轻人的身体负担，还关系到人行动的安全性，在确定家具尺度时，需将其考虑进去。例如选择橱柜时，其尺寸就要考虑人体的水平作业空间的尺寸，主要工作区域的长度和宽度不可小于使用者水平作业区域的尺寸。除此之外，人在做各种基本动作时的尺度也应予以考虑。

● 水平作业空间

　　水平作业空间可以分为通常作业范围和最大作业范围。前者是指在上臂轻靠在身体一侧弯曲臂肘的状态下，手可以自由地到达的区域，后者是指在伸展上肢时能达到的最大区域。人在工作时，经常使用的操作器具，配置在通常作业区域内，从属的作业工具配置在最大作业区域。

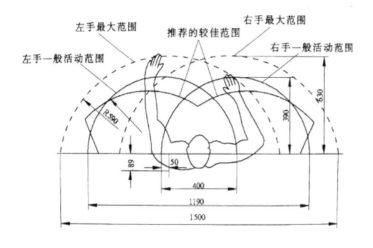

▲水平作业空间。

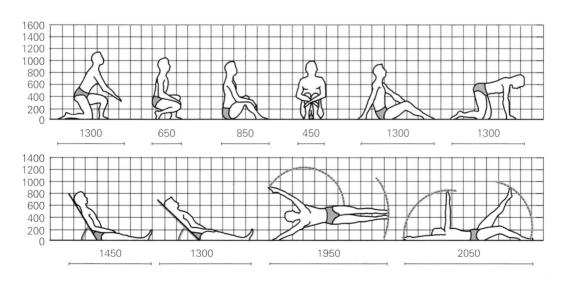

▲人体基本动作的尺度。

室内色彩表现

室内采光照明设计

室内家具选用与陈设

室内软装搭配与布置

3. 按存放物品主体尺寸的实际情况，考虑家具尺度

以存储物品为主要目的的贮藏型家具，在选择尺度时，除了需考虑使用者各方面的尺寸外，还需将需要存储的最大物品的尺寸考虑进去。

例如，在确定衣柜的深度尺寸时，就需要将家中肩宽最宽的人的肩宽最为标准，再增加一些预留空间，以便于取物和开关门。目前市面上的衣柜深度为 400mm～600mm，若居住人口肩宽的最大值为 550mm，那么选择 600mm 深的衣柜就比较合适，若选择 500mm 深的衣柜就会面临衣服挂不进去的情况。若房间的使用者有诸多书籍或工艺品需要收藏或展示，在选择书柜或展示柜时，就需要为高度最高的书及工艺品预留合适的位置，否则就会无法摆放。

由此可见，考虑家具尺度时，存放物品的尺寸也是十分关键的因素。

◀ 考虑书柜每一个分格的尺度时，需要统计一下数量，为高度较高的书预留部分可放置的空间，或者也可以完全按照其高度来选择分格的高度。

◀ 需要摆放工艺品的展示柜，同样需要考虑尺寸最大的工艺品的位置，而后选择适合尺寸的柜子，或进行定制。

4. 按室内环境的大小，考虑家具尺度

  家具尺寸的确定还需要考虑所在空间的尺度，家具作为室内空间的主体，在空间中占据了较大的面积，对室内环境的影响是不可避免的。家具数量的控制和尺度的选择，会直接决定室内空间舒适度的高低。同时家具平面和立面上的尺寸对空间的调整也有重要的作用。所以在配置家具时一定要以空间的尺度为基准，严格空间家具的体量关系，做到宁缺毋滥，少而精准。

  以沙发为例，一张双人沙发的尺寸为 1260mm ~ 1500mm，一张单人沙发的尺寸为800mm ~ 950mm，若沙发一侧的墙面长度为 2.5m，则仅能摆放一张双人沙发，若再加一张单人沙发，不仅会显得拥挤，使用也不便利。因此，选择家具时考虑空间的尺寸，是十分必要的。

▲当沙发靠墙摆放时，其宽度占墙面的二分之一或三分之一时，给人的感觉是最舒适的。

第三节

家具布置方法与动线规划

一、家具布置与空间的关系

1. 家具布置与空间的关系

（1）合理的位置

　　室内空间的位置环境各不相同，在位置上有接近出入口的地带、室内中心地带、沿墙地带或靠边地带以及室内后部地带等区别。各个位置的环境如采光、交通、室外景观各不相同，应结合使用要求，使不同家具的位置在室内各得其所。

　　例如，在卧室中，床位一般布置在中间，休息座椅或躺椅靠窗布置；在餐厅中常选择不妨碍四周走动的中心或靠墙位置放置餐桌椅等。

◀ 餐桌椅靠墙摆放，可以避免阻碍空间内的交通空间，同时还可以在用餐时看到窗外的风景，增添好的心情，是非常合理的位置。

（2）方便使用、节约劳动

　　同一室内的家具在使用上都是相互联系的，如餐厅中餐桌、餐具和食品柜，书桌和书架，厨房中洗、切等设备与橱柜、冰箱、蒸煮等的关系，它们的相互关系是根据人在使用过程中达到方便、舒适、省时、省力的活动规律来确定。

▲餐厅内的餐桌和酒架位于斜线位置，非常方便取用。　▲厨房内的各部分家具，以省时、省力为原则布置。

（3）丰富空间、改善空间

　　空间是否完善，只有当家具布置以后才能真实地体现出来，如果在没有布置家具前，原来的空间有过大、过小、过长、过狭等都可能造成某种缺陷的感觉，但经过家具布置后，可能会改变原来的面貌而恰到好处，因此，家具不但丰富了空间内涵，而且是借以改善空间、弥补空间不足的一个重要因素。应根据家具的不同体量大小、高低，结合空间给予合理的、相适应的位置，对空间进行再创造，使空间在视觉上达到良好的效果。

▲餐厅原本比较空旷，摆放多张餐椅，使其变得充实。　▲小厨房内，布置一处吧台即可使用，又可分隔空间。

（4）充分利用空间，注重经济效益

　　在重视社会效益、环境效益的基础上，精打细算，充分发挥单位面积的使用价值，无疑是十分重要的。特别对居住建筑来说，充分利用空间应该作为评判设计质量优劣的一个重要指标。

2. 客厅家具的布置方式

（1）客厅家具的布置方式

　　客厅是住宅室内空间中的公共区域，是家庭成员进行交谈、娱乐和社交活动的场所。客厅是住宅内部空间的中心，事物都有个中心，中心的特征对事物的特征起重要作用。客厅内生活功能复杂，其中家具、设备及其布置方式也多种多样，但起居活动有规律可循，深入分析，可以综合为三个功能中心：座谈、视听、饮食。

●一字型沙发＋茶几

适用空间：小面积客厅

适用装修档次：经济型装修

适用居住人群：新婚夫妇

要点：家具元素比较简单，可以在款式选择上多花点心思，别致、独特的造型能给小客厅带来视觉变化。

●一字型＋茶几＋单体座椅

适用空间：小面积客厅、大面积客厅

适用装修档次：经济型装修、中等装修

适用居住人群：新婚夫妇、三口之家

要点：可以打破空间简单格局，也能满足更多人的使用需要；茶几形状可选方形也可选择小圆形

●L型

适用空间：小面积客厅、大面积客厅

适用装修档次：经济装修、中等装修、豪华装修

适用居住人群：新婚夫妇、三口之家、四口之家、三代同堂

要点：最常见的客厅家具摆放形式，组合变化多样，可按需选择

●围合型

适用空间：大面积客厅

适用装修档次：中等装修、豪华装修

适用居住人群：新婚夫妇、三口之家、
四口之家、三代同堂

要点：能形成聚集、围合的感觉，茶
几最好选择长方形

●对坐式

适用空间：小面积客厅、大面积客厅

适用装修档次：经济装修、中等装修

适用居住人群：新婚夫妇、三口之家、
四口之家

要点：面积大小不同的客厅，只需变
化沙发的大小就可以了

（2）客厅家具的布置技巧

先看客厅尺寸，再选择沙发组合：长方形的客厅，适合选择 L 型样式的沙发、1+3+1 组合样式
的沙发。可以充分利用客厅的长度，规避客厅狭窄的宽度；正方形的客厅，适合选择围合式的、对
坐式的沙发组合，这样可以使客厅布置得更加饱满，充分利用好方正的客厅面积；不规则形状的客
厅，宜选择小尺寸、多组合的沙发，通过沙发的自由摆放，纠正不规则形状所带来的不良影响；面
积较大或较小的客厅，沙发所占面积与客厅的面积比以 2：3 的比例最佳。

▲餐厅内的餐桌和酒架位于斜线位置，非常方便取用。

▲厨房内的各部分家具，以省时、省力为原则布置。

3. 餐厅家具的布置方式

（1）餐厅家具的布置方式

　　常见的餐厅有两种形式，一种是独立的餐厅，另一种是从客厅中用家具或隔断分割出来的相对独立的用餐空间。餐厅内常用的家具包括餐桌椅、餐边柜、吧台、酒柜等，但无论那种餐厅，不可缺少的家具都是餐桌椅，它们是餐厅家具布置的重点，其他家具是否使用及与餐桌椅的具体组合方式，需取决于餐厅的面积、形状以及居住者的生活习惯。

●独立式餐厅

适用空间：大面积餐厅

适用装修档次：经济装修、中等装修、豪华装修

适用居住人群：新婚夫妇、三口之家、四口之家、三代同堂

要点：餐桌椅的摆放与布置须与餐厅的空间相结合

●一体式餐厅－客厅

适用空间：小面积餐厅

适用装修档次：经济型装修、中等装修

适用居住人群：新婚夫妇、三口之家

要点：餐桌椅一般贴靠隔断布局，灯光和色彩可相对独立；选择多功能家具

●一体式餐厅－厨房

适用空间：小面积餐厅、大面积餐厅

适用装修档次：经济装修、中等装修、豪华装修

适用居住人群：新婚夫妇、三口之家、四口之家

要点：需要有合适的隔断；应设有集中照明灯具

（2）餐厅家具的布置技巧

　　入墙式收纳柜带给餐厅整洁的环境：如果餐厅的面积有限，没有多余空间摆放餐边柜，则可以考虑利用靠着墙体来打造收纳柜，充分利用家中的隐性空间。需要注意的是，制作墙体收纳柜时，一定要听从专业人士的建议，不要随意拆改承重墙。

◀ 嵌入墙面的整体式收纳柜，充分节省了餐厅的空间，提高了空间的利用率，且非常美观。

　　餐桌的摆放方式，应根据餐厅的形状来决定：狭长形的餐厅，餐桌不适合摆放在中间，而应该靠墙摆放，这样能将过道集中到一边，方便行走；正方形的餐厅，餐桌适合摆放在中间，这样餐厅的四周都可以走人，而且餐桌与餐厅能形成良好设计美感；敞开式的餐厅，餐桌的摆放要避开过道的位置，摆放在不常走的位置，使不同空间的联系更加紧密、方便。

◀ 餐厅属于比较正方形，且四周均有房间，需要预留出交通空间，因此摆放在中间最合适。

4. 卧室家具的布置方式

（1）卧室家具的布置方式

　　卧室是家居空间中私密性最强的，也是限制最小、最为个性的地方，需要营造良好的睡眠环境，使人感觉温馨、舒适。家具的布置除了满足睡眠的需求，还应具备一定的储物功能。卧室家具的布置重点是床，它多与窗平行摆放，且站在门外时，不能直视到床上的布置。其他家具的位置则取决于门和窗的位置，布置完成后应形成顺畅的动线，具有舒适的氛围。

● 正方形

适用空间：小面积卧室、大面积卧室

适用装修档次：经济型装修、中等装修

适用居住人群：新婚夫妇、三口之家、四口之家

要点：床头不要对窗，衣柜宜摆放在有门的一侧

● 长条形

适用空间：小面积卧室、大面积卧室

适用装修档次：经济型装修、中等装修

适用居住人群：新婚夫妇、三口之家

要点：衣柜与床的摆放方式与横向空间相同；床摆放时需注意不要直接对门

● 一字型

适用空间：小面积卧室、大面积卧室

适用装修档次：经济装修、中等装修、豪华装修

适用居住人群：新婚夫妇、三口之家、四口之家、三代同堂

要点：可以利用零碎空间摆放床头柜，增加收纳

（2）卧室家具的布置技巧

床头不宜正对卧室门：在规划卧室的布局时，有一点需要特别注意，床头不建议正对着卧室门。床头与门正对，隐私性会大大下降，开门后室内情况一览无遗，让使用者感觉非常不安全感，会影响睡眠质量。如果确实无法避免床与房门相冲，建议使用一个屏风进行隔断。

◄ 卧室的门与窗相对，床头与门成相反的方向布置，极大的保证了使用者的心理安全感。

床与衣柜间应留出足够距离，更方便使用：很多卧室内都会顺着床的方向摆放一个衣柜，衣柜与床位之间预留一些距离是必要的，可以根据房间面积调整，以上下床避免磕碰并方便衣柜开关为宜。且衣柜形状高大，紧贴床摆放，不仅拥挤，还会在卧室主人休息时形成压迫感，容易影响居住者的身心健康。

► 衣柜做了内嵌式的设计，且与床之间的宽度合理，开关方便，同时避免了给人造成压迫感。

5. 书房家具的布置方式

（1）书房家具的布置方式

　　书房是家居中比较严肃的区域，家具的布置宜以工作和学习的便利行为前提，尽量简洁、明净。常用的家具有书桌、座椅、书柜、边几、角几、单人沙发等，书桌是必备的家具，它的摆放位置与窗户的位置有直接关系，既要保证光线充足又要避免直射，大书房可将书桌摆放在中间，小书房则适合靠窗或放在墙壁的拐角处。

● T 型

适用空间：小面积书房

适用装修档次：经济型装修、中等装修

适用居住人群：新婚夫妇、单身人士

要点：适合于藏书较多、开间较窄的书房

● L 型

适用空间：小面积书房、大面积书房

适用装修档次：经济型装修、中等装修

适用居住人群：新婚夫妇、三口之家

要点：书桌靠窗一侧摆放，书柜放在边侧墙处

● 一字型

适用空间：适合小面积书房

适用装修档次：经济装修

适用居住人群：单身人士

要点：书桌摆在书柜中间或靠近窗户的一边

（2）书房家具的布置技巧

书桌位置宜光线柔和：在书房摆放书桌时，为了采光充足，很多人会选择紧挨窗。但是，并非所有的户型都适合这样的摆设。阅读需要较好的光线，但不能过于强烈，例如在南向房间中，如果让书桌正对窗户，虽然能保证良好的采光，但光线会过于强烈，用窗帘遮挡又不便工作。让自然光源从书桌的左边进入最佳，如果无法满足，可以让书桌离窗远一些，且尽量避免逆向光。

◀ 摆放书桌的时候，距离窗边有一定的距离，更有利于保护眼睛。

书柜不宜过高：在选择书柜时，不建议选择过高的款式，书柜加上藏书如果宽且高，会给整体的环境带来一种压迫感，对于使用者来说，容易造成精神压力，且日常使用时取放书籍也有很多的不便，所以建议书柜的高度要适中，房高 2.7 米左右的户型中，高度不超过 2.2 米为宜。

◀ 书柜的高度可根据房间的高度来设计，如果顶部有较厚的吊顶，可紧挨顶部，如果顶部没有吊顶，则上方可留空白。

6. 厨房家具的布置方式

（1）厨房家具的布置方式

　　厨房内的主要家具为厨具，因此在布置厨房空间的家具前，需先确定煤气灶、水槽和冰箱等家电的位置，然后再按照厨房的结构面积和业主的习惯、烹饪程序等来安排家具，在设计时，可以充分利用厨房的死角部位来增加储物空间。

●一字型

适用空间：小面积厨房

适用装修档次：经济型装修

适用居住人群：新婚夫妇、单身人士

要点：在厨房一侧布置橱柜等设备；以水池为中心，左右两边分开操作，可用于开间较窄的厨房

●对面型

适用空间：大面积厨房

适用装修档次：经济型装修、中等装修

适用居住人群：新婚夫妇、三口之家

要点：沿厨房两侧较长的墙并列布置橱柜，将水槽、燃气灶、操作台设为一边，将配餐台、储藏柜、冰箱等电器设备设为另一边

●L型

适用空间：小面积厨房、大面积厨房

适用装修档次：经济装修、中等装修、豪华装修

适用居住人群：新婚夫妇、三口之家、二胎家庭、三代同堂

要点：将台柜、设备在相邻墙上连续布置，水槽一般设在靠窗台处，而灶台设在贴墙处，上方挂置抽油烟机

● U 型

适用空间：大面积厨房

适用装修档次：中等装修、豪华装修

适用居住人群：新婚夫妇、三口之家、
二胎家庭、三代同堂

要点：将厨房相邻三面墙均设置橱柜
及设备；操作台面长，储藏空间充足

（2）厨房家具的布置技巧

根据厨房动线摆放水槽：水槽的位置可以根据习惯行动路线来摆放，可以将水槽放在与灶具平行的台面上，也可以选择放在灶具对面的台面上。

◄ 如果没有特殊要求，若厨房内有靠墙的窗，可以将水槽摆放在窗前，可一边清洗一边看窗外的风景。

根据厨房风格及使用需求选择灶具：厨房的灶具选择一方面可以与厨房整体橱柜相搭配，另一方面也可以根据日常使用需求选择。例如想要方便清洗的可以选择陶瓷灶具，如果追求时尚个性，则可以选择玻璃灶具。

▲面积宽敞的厨房可以选择普通的灶具，搭配烟机使用；若厨房非常小，可选购集成灶来节省空间。

7. 卫浴家具的布置方式

（1）卫浴家具的布置方式

　　卫浴空间在家庭生活中是使用频率最高的场所之一，不仅是人解决基本生理需求的地方，而且还具有私密性，因而要时刻体现人文关怀，布置时合理组织功能和布局。

●兼用型

适用空间：小面积卫浴间

适用装修档次：经济型装修

适用居住人群：新婚夫妇、单身人士

要点：洗手盆、便器、淋浴或浴盆放置在一起，所有活动都集中在一个空间内，动线较短

●独立型

适用空间：大面积卫浴间

适用装修档次：豪华装修

适用居住人群：三口之家、二胎家庭、三代同堂

要点：各个空间可以同时使用，在使用高峰期避免相互之间的干扰

●折中型

适用空间：小面积厨房、大面积厨房均可

适用装修档次：经济装修、中等装修、豪华装修

适用居住人群：新婚夫妇、三口之家、二胎家庭、三代同堂

要点：卫浴空间中的基本设备相对独立，但有部分合二为一的布置形式

（2）卫浴家具的布置技巧

根据空间合理设计淋浴房：淋浴房的外形视卫浴间面积、形状而定，一般长方形卫浴间可以选择一字型淋浴房；正方形卫浴间则可以选择直角形或圆弧形淋浴房。

▲窄浴室可以将淋浴房设计为多角形，来节省空间。

宽敞的卫浴间适合选择功能齐全的浴室柜：大空间适合选用功能多尺寸大的整体浴室柜，通常带有梳妆镜、镜灯、置物架等辅助设施，多种元素并存，形成一个多用途的整体，使每件物品都有独立的储物空间，使用功能也更趋完善，更加人性化和舒适化。

▲宽敞的浴室淋浴房设计成长方形，活动空间更充足。

组合柜或挂墙浴室柜适合紧凑空间：紧凑型的卫浴间适合选用用组合式和挂墙式浴室柜，既能有效做到干湿分离，又能保持干净整洁，带镜柜设计的浴室柜可以收纳化妆品、毛巾等物品，充分利用了卫生间墙面空间，能最大限度地满足卫浴环境中种类繁多的存储需要。

▲功能齐全的浴室柜，可使大浴室显得更实用。

▲挂墙式浴室柜底部搭配灯光，会使浴室显得更宽敞。

二、功能空间的合理动线

　　在生活中，房间的舒适程度与人能否活动方便有直接的关系。为了能最方便的到达想去的房间内的某个地方，就需要先考虑一下活动路线，然后再布置家具。如果不能顺利通过家具与家具之间的空隙，或者是不能顺利到达放在房间角落位置，就会让人产生焦躁感，甚至还有撞到家具受伤的危险。

　　还有很多必须确保的空间，例如：人能轻松通过的空间；两个人并排通过时不会碰撞的空间；在向后拉动椅子时，不会撞到墙壁，人能轻松站立，坐下等日常活动的空间等。

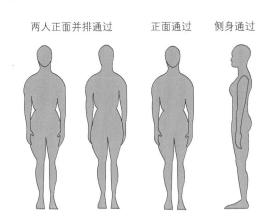

▲人在移动时所需要的空间，可分为三种方式，但动线预留尺寸不能小于 45mm。

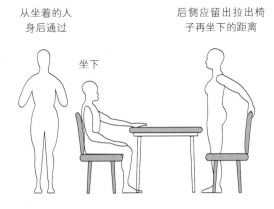

▲布置家具预留动线时，需考虑成套家具拉开后的尺寸以及拉开后后方可行走人的尺寸。

　　在住宅中，有很多限制家具位置的因素，如房间的布局和面积、立柱的突起等，所以活动路线容易集中到一个方向，如果多位居住者同时进行不同活动时，就可能发生碰撞等问题，会影响日常生活的顺利进行。为了确保每个人都有自己方便的路线，布置家具时，可以将它们集中在房间的一个位置，设计出一个开放的空间，使空间内形成合理的动线。

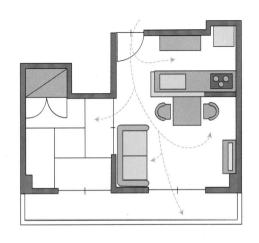

▲正确：从入口到客厅、卧室、阳台等空间的活动路线很畅通，餐椅即使拉出后，人也可以顺利通过。

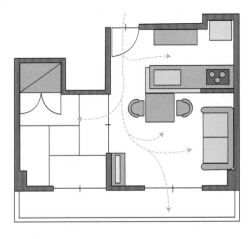

▲错误：沙发和餐桌椅的距离太近，向后拉动椅子时容易撞到沙发，同时也阻挡了人的正常行进路线。

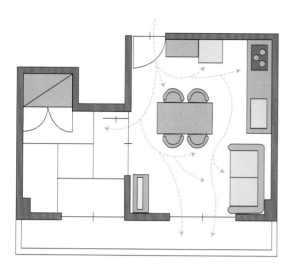

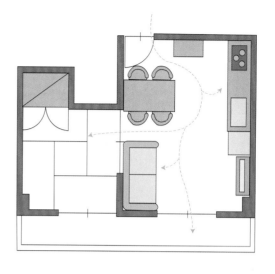

▲正确：从门口绕过厨房去客厅，或者从餐厅到客厅、卧室、阳台等空间的路线均非常畅通。保证了人能自由活动。同时，从厨房向餐桌端菜也非常方便，椅子能自由向外侧移动。

▲错误：从门口进入客厅后，餐厅与餐边柜、餐厅与沙发之间的间隔距离过小，不方便从中间通过。进入卧室时，沙发变成了障碍，无法顺利进入。

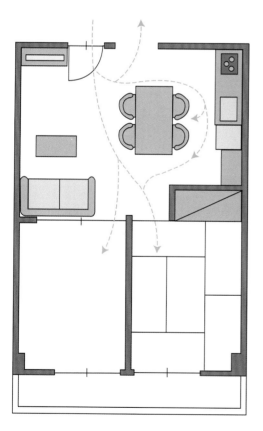

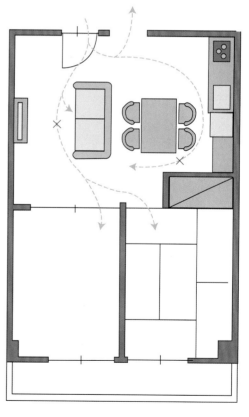

▲正确：放置桌子时，四周预留了充足的距离，可供人顺利通过，移动椅子时也非常方便，不会阻碍路线。人能自由地从入口到室内各处房间中。电视机和沙发靠墙摆放，避免了人从它们之间通过，可以安心地观看电视。

▲错误：餐厅内的餐桌椅靠墙壁太近，无法保证从厨房到卧室的活动路线，厨房内预留空间过窄，使用不便。人进入卧室时，只能从沙发和电视机之间通过，会影响观看者的舒适感。

软装设计是一门综合性的艺术

它包含了布艺、各类工艺品及绿植花艺等诸多内容

软装设计不单单是对一种软装的选择与布置

还要对室内整体的软装进行宏观上的掌控

只顾细节而不顾整体

很难得到好的装饰效果

可以说

软装是关于整体环境、空间美学、

陈设艺术、生活功能、意境体验、个性偏好等

多种复杂元素的创造性融合

如果说硬装是"骨"

软装就是"肉"

它们互相衬托，共同美化空间

从某种层面来说，软装的重要性大于硬装

掌握好软装的搭配与布置

才能让空间变得有生活的气息

第四章

室内软装搭配与布置

第一节

布艺基础常识与运用

一、常见类别

1. 窗帘布艺

　　窗帘具有多种功能，如保护隐私，调节光线和室内保温等，这些功能是人们所熟知的；除此之外，厚重、绒类布料的窗帘还可以吸收噪声，在一定程度上起到遮尘防噪的效果。同时，因为窗帘在室内空间中的占有较大的面积，在装饰方面，还具有画龙点睛的作用，选对了窗帘，空间的装饰效果会更加突出。

▲窗帘兼具实用性和装饰性。

（1）窗帘的组成

　　窗帘由帘体、辅料、配件三大部分组成：帘体包括窗幔、帘身和纱帘，其中窗幔是装饰帘不可缺少的部分，有平铺、打折、水波、综合等样式；辅料由窗樱、帐圈、饰带、花边、窗襟衬布等部分组成；配件有侧钩、绑带、窗钩、窗带、配重物等。

（2）窗帘的类型

　　窗帘按照开合的形式，可分为平开帘、折帘、卷帘、百叶帘、垂直帘和线帘等多种类型。

名称	特点	例图
平开帘	◎ 沿着轨道或杆子平行地朝两边或中间拉开、闭拢，做平行移动的窗帘 ◎ 常见形式有：一窗一帘、一窗两帘或一窗多帘等 ◎ 开合方式可分为：对开左右平拉、独幅开左右平拉、转角开左右平拉及独幅开平拉等 ◎ 如果白天需要挡光，可设计成双层的款式	

名称	特点	例图
折帘	◎ 上升时折叠归拢成一个形态，下降时此形态又慢慢舒展打开，通过这种拉开、闭拢，达到窗帘的使用目的 ◎ 可分为成品帘和罗马帘两类 ◎ 罗马帘装饰效果很好，华丽、美观 ◎ 窗帘的幅面一般为1.4米，如果窗宽度不超过1.4米，中间无须接缝，更美观；大窗可多组拼接	
卷帘	◎ 指随着卷管的卷动而作上下移动的窗帘 ◎ 样式简洁，四周没有任何装饰 ◎ 材质一般为压成各种纹路、印成各种图案的布 ◎ 亮而不透，表面挺括 ◎ 使用方便，非常便于清洗	
百叶帘	◎ 叶片角度可进行调节，使室内的自然光富有变化 ◎ 耐用常新、易清洗、不老化、不褪色 ◎ 遮阳、隔热、透气防火	
垂直帘	◎ 叶片垂直悬挂于上轨制成的窗帘，实际就是把百叶帘90°转体，叶片比百叶帘宽 ◎ 装饰效果和特点与百叶帘类似 ◎ 通过左右调节来达到自由调光的目的 ◎ 常见材料：PVC、普通面料、纤维面料、铝合金和竹木几种	
线帘	◎ 以线状为单位组成的窗帘形式 ◎ 装饰性非常强，虚实结合具有朦胧感 ◎ 材质多样，如水晶、丝、线等 ◎ 具有灵活性和广泛的适应性，适用于各种形式的窗户 ◎ 除了用于窗户，还可用做居室内的隔断	

2. 床品

床是卧室中绝对的主角，而床是不会单独使用的，需要搭配床垫、床单、被套、枕头等才能美观又舒适。所以床品就成为了卧室中软装的中心，它分为隐藏部分和外露部分，隐藏部分如床垫、枕芯等，舒适性是先导，而外露部分如床单、被套，花色和质量同样重要。

▲床品是卧室中的主要软装。

（1）外露床品的类型

外露床品指覆盖在各类隐藏床品之上，兼具增加舒适性和美化作用的一类床品。

常用的主要包括床单、被套、枕套在内的床品套件，以及床盖、床幔等。

名称	特点	例图
床品套件	◎ 有四件套、六件套、八件套、十件套及十二件套等多种选择 ◎ 包含床单或床笠、被套、枕套、抱枕套等 ◎ 款式及花纹多样，可满足个性化需求 ◎ 兼具实用性和装饰性，能够进一步保护床垫、床褥及枕芯、被芯，同时美化卧室环境	
床盖	◎ 与床单作用类似，但做工更复杂 ◎ 多数床盖都会做绗缝处理，叫做绗缝床盖，比床单要厚实 ◎ 作用同床单一样，覆盖和保护床垫，但它更美观、更平整 ◎ 亮而不透，表面挺括	
床幔	◎ 床幔主要起到分隔作用和装饰作用 ◎ 它将床包裹起来，是睡眠区保持相对独立、安静而私密，增加安全感 ◎ 床幔还能为卧室增添情调、烘托氛围 ◎ 床幔的选择宜与卧室整体风格结合，因为面积较大，所以花色不宜过于花哨	

（2）隐藏床品的类型

隐藏床品具有保护、支撑人体、保温及增加舒适性的作用，常用的有床垫、床褥、枕芯、被芯等。

名称	特点	例图
床垫	◎ 床垫是保证睡眠质量的根本，好床垫不但能使人拥有舒适的睡眠，对身体健康也大有好处 ◎ 好的床垫兼具功能性、舒适性、安全性和美观性 ◎ 所有类型的床垫中，弹簧床垫也就是人们常说的"席梦思"软硬适中，养护方便，使用率较高；近年来乳胶床垫因其特性也大为流行	
床褥	◎ 床褥产生要早于床垫，早期它是直接铺在木板床上，现在主要是与床垫结合使用 ◎ 床褥可以增加床铺的柔软度和舒适度，还能够对床垫形成一层保护 ◎ 床垫不便清洗而床褥非常便于拆洗，加一层床褥，能够保证床铺的整洁和干净，有利于身体健康 ◎ 床褥早期均为棉花制作而成，现在发展出了多种不同材料，可选择性更多	
被芯	◎ 被芯的好坏决定了被子的舒适程度 ◎ 被芯不仅太重容易压迫肺部，太轻保暖性差，以棉被为例，冬季3公斤为佳，春秋则减半；其他材质则为棉被的一半左右为宜 ◎ 被芯可分为单人和双人宽，单人被尺寸为150cm×210cm 和 180cm×220cm；双人被尺寸为200cm×230cm 和 220cm×240cm	
枕芯	◎ 枕芯是枕头的重要组成部分，决定着枕头的舒适程度 ◎ 填充材料有许多种，功能和作用不同，选择合适的枕芯非常重要，在进入最佳睡眠状态的同时获得一定的保健效果，有益身心 ◎ 枕芯不宜过硬，应有良好的弹性和支撑力	

3. 其他布艺

　　除了窗帘和床品外，家居中还有一些其他的常用布艺，例如地毯、抱枕和桌布等，它们都是家居织物类软装的重要组成部分，与窗帘、床品组合起来使用，能进一步强化家居空间的温馨感和舒适感。

名称	特点	例图
桌布、桌旗	◎ 桌布、桌旗的使用位置不仅限于餐桌，茶几、边桌等家具也可以用它来做装饰 ◎ 使用桌布、桌旗可以保护桌面，并为花色较单调的实木类的桌子增添一些变化，特别是在节日里，能够活跃氛围，增添喜庆感 ◎ 在不同的季节里，可以变换桌布、桌旗的颜色来调节感官上的温度 ◎ 桌布、桌旗的材质选择可根据使用部位的不同来具体选择	
地毯	◎ 地毯在中国历史悠久，最初地毯是用来铺地御寒的，现在在家居中主要作为装饰品使用 ◎ 是世界范围内，具有悠久历史传统的工艺美术品之一 ◎ 它能够隔热、防潮，具有较高的舒适感，同时兼具美观的观赏效果 ◎ 地毯可以分为块毯和整体铺装两种形式，块毯使用灵活，可自行铺装，清洗便捷，更适合在家居空间中使用	
抱枕	◎ 抱枕是常用的织物里体积较小的一类，虽然小但却具有不可忽视的作用 ◎ 常见的抱枕可分为方形抱枕、长方形抱枕、圆形抱枕和仿形态抱枕等 ◎ 当感觉家具或整体氛围有些沉闷时，加上几个抱枕立刻就会获得改变，往往是装饰中的点睛之笔 ◎ 它不仅适用于家具上，还可以摆放在飘窗、地面、榻榻米等多处位置 ◎ 靠枕的美观程度取决于枕套，而其舒适程度则取决于枕芯	

二、常见装饰图案

1. 卷草纹图案

　　卷草纹又称卷枝纹或卷叶纹，由忍冬纹发展而来，以柔和的波曲状线组成连续的草叶纹样装饰带。因盛行于唐代，又名唐草纹。卷草纹并不是以自然中的某一种植物为具体对象的。它如同龙凤纹一样，是集多种花草植物特征于一身，经夸张变形而创造出来的一种意象性装饰样式。因此，卷草纹寓意着吉利祥和、富贵延绵。

◀被套上的卷草纹具有吉祥的寓意。

2. 佩斯利图案

　　佩斯利花纹又称火腿纹或腰果纹，是辨识度最高的布艺装饰图案之一，由圆点和曲线组成，状若水滴，"水滴"内部和外部都有精致细腻的装饰细节。形态寓意吉祥美好，外形细腻华美，在很多布艺纹样上都能体现。

▲佩斯利图案的布艺适用于欧式风格。

3. 大马士革图案

　　现在人们把类似盾形、菱形、椭圆形、宝塔状的花型都称作大马士革纹样，它带有一种帝王贵族的气息。流行至今，大马士革纹样是欧式风格设计中出现频率最高的元素，有时美式、地中海风格也常用这种纹样。

▲大马士革图案的布艺是表现欧式风格的经典元素。

4. 格纹图案

格纹是由线条纵横交错而组合出的纹样，具有秩序感和时髦感。如果室内巧妙地运用格纹元素，可以让整体空间散发出秩序美和亲和力。格纹沙发椅更多运用在欧式、美式风格家居中，给人一种略带俏皮的感觉。格纹靠枕常用在单色调居室中，从视觉上饱满了单色的感官度，同时，因格子本身的时尚气质，提升了整个家居品位。但因为格纹跳跃而显眼，更适合点缀，用在床品、窗帘等大面积的地方要谨慎。

◀格纹图案的布艺赋予空间英伦风格的浪漫感。

5. 条纹图案

条纹图案由宽度相等或宽度不等的平行线构成，是一种经典的装饰图案，在日常生活中非常常见，人们经常会将它用在服饰、鞋子等处。它在视觉上具有延伸感，因此在室内空间，具有调整空间缺陷的作用，如横条纹可调整房间宽度、竖条纹可调整房间高度等。

▲条纹图案的布艺为空间带来活力与亮点。

6. 菱形图案

菱形纹样早在 3000 年前就开始被使用。在苏格兰，菱形图案是权力的象征。如今，菱形纹样更是经久不衰地活跃在一些奢侈品的皮具上。因为菱形图案本身就具备了均衡的线面造型，基于它与生俱来的对称性，从视觉上就给人心理稳定、和谐之感。

▲菱形图案的布艺天然拥有贵族血统和经典艺术气质。

7. 回纹图案

回纹是已经有 3000 多年历史的中国传统装饰纹样，它由古代陶器和青铜器上的水纹、雷纹、云纹等演变而来，由横竖短线折绕组成的方形或圆形的回环状花纹，形如"回"字，所以称作回纹。回纹造型丰富，方圆兼具，变化多端，图案灵活、壮丽、大方。由于它一线到底，民间寓意为"不断头"；回纹的四方组合，被称为"回回锦"，寓意福寿吉祥、长远绵连之意。

◀回纹图案的布艺适合营造中式氛围。

8. 团花图案

团花纹样也称"宝相花"或"富贵花"，是一种中国传统纹样，以精美细致、饱满华丽的艺术样式著称。外形圆润呈团状，内以四季草植物、飞鸟虫鱼、吉祥文字、龙凤、才子、佳人等纹样构成图案，结构呈四周放射状或旋转式或对称式。其寓意是金玉满堂、万事亨通、荣华富贵。

9. 碎花图案

碎花是田园风格软装布艺的主要元素。把碎花纹样应用到家居设计中时，要注意一个空间中的碎花纹样不宜用太多，否则就会觉得杂乱。如果大小相差不多的碎花纹样，尽量采用同一种花纹和颜色；如果大小不同的碎花纹样，可以采用两种花纹和颜色。

▲团花图案的布艺给人以饱满华丽的美感。

▲碎花图案的布艺最常见于田园风格空间。

三、常见材质与款式

1. 窗帘布艺

目前，室内所使用的窗帘，主要制作材料包括棉麻布、绒布、涤纶、丝绸和木、竹、芦苇等。各有其不同的特征，适合用在不同的功能空间中。

名称	特点	例图
棉麻布材质	◎ 手感柔软，视觉效果柔和舒适 ◎ 透气性好，且有良好的吸湿效果 ◎ 缺乏弹性，清洗后容易留下皱纹 ◎ 适合用在客厅、书房和卧室中	
绒布材质	◎ 健康环保，新颖时尚 ◎ 绒布材质清洗方便，且不易留下皱纹 ◎ 手感舒适，垂感好 ◎ 适合用在客厅、书房和卧室中	
雪尼尔材质	◎表面的花型有凹凸感，立体感强 ◎具有调温、抗过敏、防静电、抗菌的功效 ◎吸湿性好，能接收相称于自身重量 20 倍的水分 ◎打理不易，水洗后易变形、缩水	
丝绸材质	◎ 质感柔软顺滑，印花工艺出色 ◎ 效果高贵奢华，售价较高 ◎ 地质轻柔，色彩绮丽，有绸、缎、绫、绢等十几类品种 ◎ 适合用在卧室中	
木织材质	◎ 分为木织，竹织，苇织，藤织几种 ◎ 自然气息浓郁，有返璞归真的设计效果 ◎ 基本不透光，但透气性良好 ◎ 适合用在书房或阳台中	

2. 床品

（1）床品套件

床品套件通常包括床单或床笠被套、枕套、床盖等，它们是配套使用的，材料组合上大多数情况下都是一样的。

名称	特点	例图
纯棉材质	◎ 吸水、吸汗，与肌肤的触感舒适自然 ◎ 健康环保，对人体没有刺激性 ◎ 保暖效果好，但洗后容易缩水	
亚麻材质	◎ 具有抑制细菌生长的作用 ◎ 手感略显粗糙，比较适合局部使用 ◎ 亚麻面料具有天然优良特性	
天丝材质	◎ 具有非常高的刚性，良好的水洗尺寸稳定性 ◎ 洗涤方便，易打理 ◎ 具有较高的吸湿性，触感华润、凉爽 ◎ 光泽柔美，手感柔软，悬垂性好，飘逸性好	
磨毛材质	◎ 蓬松厚实，保暖性能好 ◎ 表面绒毛短而密，手感丰满柔软，保暖但不发热 ◎ 悬垂感强，易于护理	
竹纤维材质	◎ 以天然毛竹为原料，经过蒸煮水解提炼而成 ◎ 亲肤感觉好，柔软光滑、舒适透气 ◎ 使用凉爽舒适，适合夏天使用	
真丝材质	◎ 外观华丽、富贵，有天然柔光及闪烁效果 ◎ 弹性和吸湿性很好，强度高 ◎ 品质高档、售价较高	

（2）床垫、床褥

衡量人们是否拥有"健康睡眠"的四大标志是：睡眠充分，时间足，质量好，效率高。而床垫和床褥对睡眠有着重要的影响，它们通常是需要配套使用的。其舒适与否除了与个人喜好有关外，主要取决于其材质，不同的材质具有不同特点，适合不同的人群。

名称	特点	例图
弹簧材质	◎ 能够均匀承托身体每部分，保持脊骨自然平直，使肌肉得到充分的松弛 ◎ 可以自行组合材料进行定制 ◎ 它的核心构建是弹簧，因此其质量是至关重要的	
棕榈材质	◎ 天然、环保不含化学成分 ◎ 棕榈床垫透气性较好，无潮无霉 ◎ 回弹性好，好的棕榈床垫可以使用 20 年而不出现塌陷的现象	
乳胶材质	◎ 乳胶床垫整体感觉偏软，因此不是越厚越好 ◎ 可杀菌，带有天然清香 ◎ 能够在压力点给予更贴合的支撑，提高睡眠质量	
记忆棉材质	◎ 经医学证实能够有效缓解骨骼肌肉疼痛，辅助治疗颈椎及腰椎问题，提高睡眠质量 ◎ 特有的材质可以很好的抑制细菌和螨虫的生长，且具有很好的透气性	
竹炭材质	◎ 吸潮、防潮、净化空气、杀菌、放射远红外线 ◎ 对风湿性疾病、寒冷潮湿引起的腰酸背痛有着良好的保健功效	
羊毛材质	◎ 保暖御寒、天然环保 ◎ 不易产生静电，不会黏附灰尘和污垢 ◎ 羔羊毛品质最好，但价格较高	

（3）被芯、枕芯

　　被芯和枕芯虽然不具有装饰性，但却会对外部套件的装饰效果产生一定的影响，除此之外，它们的舒适与否对睡眠质量也会产生一定的影响。其选择不仅可以从喜好方面来挑选，还可以从功能性入手，对健康有辅助作用。

名称	特点	例图
棉花被	◎ 棉纤维细度较细，保暖性较好 ◎ 轻便，易打理，透气性优秀 ◎ 不会发生静电现象，不会滋生细菌 ◎ 需要经常晾晒	
蚕丝被	◎ 富含人体必需的氨基酸，对人体有滋养功能，可以促进皮肤的新陈代谢 ◎ 可以使皮肤自由地排汗、呼吸，保持皮肤清洁，保暖效果也较好，令人倍感舒适	
羊毛被	◎ 羊毛有着独特的绝热性，其自然的弹性卷曲可有效保留空气并使之均匀分布在纤维间 ◎ 耐用、轻柔、舒适 ◎ 可适用于多种气候的睡眠要求	
羽绒材质	◎ 既可作被芯又作枕芯 ◎ 透气性和舒适性也很好 ◎ 种类轻，却非常保暖	
决明子枕	◎ 颗粒质感坚硬，可对头部和颈部穴位按摩 ◎ 对脑动脉硬化、颈椎病等，均有辅助作用 ◎ 还具有明目、润肠通便、降压、降低血清胆固醇等功效	
荞麦枕	◎ 可以随着头部左右移动而改变形状 ◎ 具有芳香开窍、活血通脉、镇静安神、益智醒脑、调养脏腑、和调阴阳等作用 ◎ 冬暖夏凉，永不变形，但很难贴合人体曲线	

室内软装搭配与布置

名称	特点	例图
木棉枕	◎ 可祛风除湿、活血止痛 ◎ 纤维中空度高达 86% 以上，远超人工纤维的 　 25% ～ 40% 和其他任何天然材料 ◎ 超高保暖、天然抗菌，不蛀不霉 ◎ 纤维超短超细超软，以印尼一级木棉为佳	
寒水石枕	◎ 寒水石性寒，吸湿热，有助眠功效 ◎ 清热降火，利窍消肿，抑制咽喉肿痛 ◎ 可以改善高血压，偏头痛和中风流鼻血 ◎ 集磁疗、理疗和药疗为一体	

3. 桌布、桌旗

　　桌布和桌旗属于桌面装饰性织物，同时还能起到保护桌面延长家具使用寿命的作用，不同材质的桌布、桌旗具有不同的特点，了解它们的特点有利于更好的运用。

名称	特点	例图
棉麻材质	◎ 质感好，手感柔软，却非常耐磨、耐用 ◎ 天然环保，花色多，吸水性较好 ◎ 绚丽色彩，时尚大方 ◎ 易吸纳食物的味道，需经常清洗	
涤纶材质	◎ 纤维的强度比棉花高近 1 倍，结实耐用 ◎ 可在 70 ～ 170℃使用，是合成纤维中耐热性 　 和热稳定性最好的 ◎ 弹性接近羊毛，耐皱性超过其他纤维 ◎ 吸水回潮率低，绝缘性能好	
绸缎材质	◎ 具有华丽高贵的装饰效果 ◎ 能够展现居住者的品味和身份地位 ◎ 含有真丝，更适合干洗，不能摆放温度高的物 　 品，容易变形 ◎ 打理困难，寿命短	

4. 地毯

地毯由于使用位置的关系，很容易吸纳灰尘和藏匿脏污，材料的选择就显得非常重要，常用的地毯材料有化纤、羊毛、混纺、毛坯和编织等，不同的材料脚感和打理难度也有很大区别，可以根据个人喜好、经济情况和使用空间的功能性来选择。

名称	特点	例图
羊毛材质	◎ 手感柔和、弹性好 ◎ 色泽鲜艳且质地厚实、抗静电性能好、不易老化 ◎ 有较好的吸音能力，可以降低各种噪音 ◎ 防虫性、耐菌性和耐潮湿性较差	
混纺材质	◎ 耐磨性能比纯羊毛地毯高出 5 倍 ◎ 克服了化纤地毯静电吸尘的缺点 ◎ 也可克服纯毛地毯易腐蚀等缺点 ◎ 保温、耐磨、抗虫蛀、强度高	
锦纶材质	◎ 有良好的耐磨性 ◎ 清洗方便，但容易变形 ◎ 摩擦易产生静电	
丙纶材质	◎ 质量轻、弹性好、强度高 ◎ 耐磨性好，不易变形 ◎ 造价低廉，性价比高	
纯棉材质	◎ 吸水力佳 ◎ 材质可塑性佳，可做不同立体设计变化 ◎ 清洁十分方便，可直接机洗 ◎ 可搭配止滑垫使用	
毛皮材质	◎ 由整块毛皮制成的地毯，最常见的是牛皮地毯，分天然和印染两类 ◎ 脚感柔软舒适、保暖性佳 ◎ 装饰效果突出，具有奢华感，能够增添浪漫色彩	

四、布艺在室内环境中的作用

1. 柔和线条

　　对室内空间进行装饰装修时，首先进行的是基础装修，也就是俗称的"硬装"，主要是对墙面、地面、顶面的处理，这些部分的装饰都给人一种冷硬的感觉。若使空间变得充满生活气息，则要依靠后期软装的使用，其中布艺具有巨大的作用，它本身质感柔软，具有很强的亲切感，可通过软硬对比起到柔化硬装部分硬朗线条的作用。

◀ 客厅中各种布艺的使用，柔化了建筑直线条带来的冷硬感，使生活气息更浓郁。

2. 表现风格

　　布艺本身的质感和材质，很容易体现出各个不同的风格，无论是复古还是现代，奢华还是简约，布艺都可以轻松的体现出来。运用时，可以根据室内风格进行选择，从而加强对风格的体现。

◀ 简约风格的客厅中，使用颜色素雅的布艺，可强化简洁感和利落感。

3. 营造室内气氛

现代人厌倦一成不变的生活，鲜明的个性特征和时代感受越来越多年轻人的追捧。布艺最大程度地满足了人们的这种需求。布艺比起硬铺更容易出效果，也更容易更换，所以人们可以在不同的季节更换与家具环境和季节气候相协调的布艺织品来营造室内气氛。

例如，新中式风格的空间大部分比较素雅，在节日或需要喜庆氛围的时候，就可以加入一些具有中国风特点的彩色布艺来调节氛围，如红色、黄色等。

◀ 红色布艺的使用，为原本素雅的客厅，注入了强烈的活力和喜庆感。

4. 表现个性

布艺的样式和纹样繁多，让人眼花缭乱，如果市面上的产品不能满足需求，还可进行定制，能充分满足现代人对个性的需求。在进行设计和选择时，可以根据居住者的喜好、性别、个性、职业等因素进行选择，最终成品即可充分彰显居住者的品位和审美。

◀ 纯色的布艺适合全年龄使用，也比较容易搭配，但有些缺乏个性。为了凸显居住者活泼的性格，使用了对比色组合。

五、功能空间的布艺选用

1. 窗帘的选用

（1）客厅窗帘

客厅通常是家居中面积最大的区域，窗的面积也比较大，选择窗帘时可以选择防晒效果较好的类型，如果日照很强，内部可配纱帘。同时，如果想要追求华丽的感觉，适合选择丝绒、提花、绸缎等面料，如果追求温馨感，可以选择棉麻或朴实一些的混纺材料。

款式上客厅适合使用落地帘，来塑造大气的感觉。需要注意的是，窗帘是客厅中面积较大的织物，它的材质和色彩应与空间硬装或大件家具相协调，以形成统一的感觉，避免混乱。

◀ 客厅内的窗帘与家具和装饰画色色彩均有呼应，使人感觉非常协调。使用两层不同的布料，可以满足不同时间的使用需求。

（2）餐厅窗帘

家居餐厅难免会有一些油烟和烹饪时产生的味道，建议选择方便清洁的材料，棉麻、混纺、铝合金等均可。款式的选择上，可以根据餐厅的面积来搭配，如果是小餐厅，可以使用罗马帘、百叶帘等，如果面积较宽敞，可以和客厅一样使用落地帘，一般来说，无须用纱帘，单层即可。

▲餐厅与厨房临近，窗帘除装饰性外还应考虑从实用性，选择百叶帘或易清洗的布料窗帘都非常合适。

（3）卧室窗帘

为了让睡眠品质更高，卧室适合选择遮光性佳且隔音效果较好的窗帘，例如植绒、棉麻等材料，通常来说，布料越厚吸音效果越好，如果是欧式卧室，还可直接使用百叶窗。窗帘容易吸纳灰尘，如果是儿童房则建议选择易清洗的材料。

◀厚实的青色窗帘可以很好的阻隔光线，保证睡眠质量。色彩床头呼应，更具整体感。

（4）书房窗帘

书房需要静谧一些的环境，不需要烦琐的装饰，简洁一些的款式、棉麻或竹木类的材质是比较合适的，例如卷帘、百叶帘，如果喜欢垂坠感，也可以选择款式简单一些的落地帘，为了避免阳光过于刺眼，可搭配一层纱帘。

（5）厨卫窗帘

厨房油烟较重，卫浴间则比较潮湿，适合选择防水、防油烟、易清洁的窗帘，例如铝合金或 PVC 材料的款式，还可以直接用百叶窗代替窗帘；如果注重装饰效果，还可以选择较易清洗混纺或棉麻材料的卷帘。

▲百叶帘可以调节光线，很适合用在书房中。

▲厨房使用 PVC 材质的百叶帘，可为清洁带来便利。

室内软装搭配与布置

2. 床品的选用

（1）与居室风格一致

根据卧室的风格来选择对应色彩、图案的床品，最容易获得协调的视觉效果。例如田园风格选择格纹、碎花的床品，现代风格选择抽象几何图案的床品等。

▲与空间风格一致的床品，最容易获得协调感。

（2）从墙面或家具取色

如果计划将床品作为卧室内的装饰中心，使其突出一些，为了保证最终效果的协调性，建议从家具或墙面上取一种或两种色彩，让其呈现在床品上。

▲床上黄色的抱枕，与家具为同色系，形成了呼应。

（3）与其他软装成系列

当墙面的颜色较素净且没有明显的风格倾向时，可以选择与窗帘等其他软装同系列花纹或色彩有相同部分的床品，来塑造协调统一的效果。

▲床品与家具、靠枕等成系列使用，具有极强的整体感。

（4）与床头或床头墙呼应

如果所使用的床的床头或床头墙的材质纹理、造型非常有特点，具有非常突出的风格走向，床品就可以呼应床头的设计，来强化这种装饰效果。

▲与床头墙壁纸同为几何造型的床品，充满趣味性。

3. 地毯的选用

（1）客厅地毯

客厅地毯的色彩及图案可以根据客厅的面积来选择，比较紧凑的小户型客厅，建议选择一些素雅色彩的地毯，比如带有灰调的色彩，地毯的颜色与地面色彩可具有一些反差，但不宜过大，否则容易使人感觉混乱；如果客厅的面积比较宽敞，地毯的选择上就没有特殊的限制，但选择大气、稳重一些的花色，会让人觉得更舒适。

现在大部分家庭使用的都是块毯，铺设区域通常是在沙发和茶几下方，在尺寸的选择上，就可以以这两部分为参考，例如客厅使用的是 3+1+1 或 3+2+1 的沙发组合，地毯的边缘应都能够被沙发的脚压倒为宜，比例上更协调，还可以避免因发生倾斜、窜位而让人拌脚而摔倒。如果是一字型的沙发，则面向沙发的一面应让沙发脚压住，其他部分让茶几压住为宜。

◀ 客厅面积比较紧凑，使用一张素色的地毯，丰富了装饰层次的同时，并不显得过于突出。

（2）餐厅地毯

很多人对餐厅地毯铺设地毯这件事很抵触，实际上只要选择方便清洗的款式就可以。在餐厅摆放地毯，不仅可以美化环境、增添温馨感，还可以避免桌子、椅子的腿部在发生挪动时，直接与地面摩擦而产生刮痕、划痕等，延长地面材料的使用寿命。而在选择地毯的尺寸时，应将餐椅拉开后的空间考虑进去，整个区域铺设。

▲ 餐厅内的地毯，可以选择好打理一些的材质，色彩不宜过于突出。

（3）卧室地毯

卧室地毯可以从舒适度上来考虑，因为人流少，一些短毛的、长毛的厚实羊毛地毯是非常适合使用的，皮毛地毯也可以考虑，除了块毯还可以整体铺设。它的铺设位置可以根据形状来决定，如果是圆形或者不规则形状，可以放在床尾也可以放在床的一侧；如果是长条形的，适合放在床尾，让两只床脚压住一部分。

◀ 在卧室中，使用比较大块的地毯时，需用床将其大部分压住，避免发生移位。

（4）玄关地毯

玄关空间使用的地毯除了美化空间外，更多的是让玄关保持整洁，适合选择容易清洗、打理且抗污性能高的化纤地毯或麻地毯。玄关通常比较小，尺寸适合选择小一些且厚度薄、具有防滑性能的款式。

（5）过道地毯

过道一般是长条形的，若使用地毯，适合采用长条形的款式，风格的选择上应与公共区统一；当过道比较昏暗时，可以使用明亮一些的地毯，来提亮空间；如果阳光充足，则可以使用稳重的款式。

▲玄关是出入的必经之地，地毯应具有能吸附灰尘的作用，并易打理。

▲过道墙面颜色较深，使用活泼的地毯可通过对比，弱化深色的压抑感。

4. 餐桌桌布、桌旗的选用

（1）与餐厅风格统一

　　根据餐厅的风格来搭配桌布、桌旗，往往能够事半功倍。通常来说，简约风格的餐厅适合选择无色系的桌布、桌旗，但如果墙面色彩过于素雅，也可使用亮色的桌布、桌旗来活跃氛围；中式风格适合搭配一些带有中式元素的款式，例如回纹、青花瓷纹等，棉麻或丝绸面料最佳，追求华丽感还可以选择带刺绣的款式；田园风格则适合格纹或碎花的棉麻桌布；蓝白色带有海洋元素的款式则具有浓郁的地中海特征。但无论哪种风格的餐厅，桌布、桌旗都不建议过于花哨。

◀ 冷硬的餐桌上，摆放一条桌旗，即可柔化冷硬感，又可进一步体现风格特征。

（2）根据餐桌形状搭配桌布

　　桌布常见的形状有长方形、圆形和方形三种，在选择时，可以结合餐桌的形状来搭配。长方形餐桌适合搭配同形状的桌布，觉得单调，上方可再叠加一层桌旗或者餐垫；圆形的餐桌可使用圆形和正方形的桌布，底部可带有一些花边或刺绣，四周宜下垂30cm左右更美观；方形的餐桌适合使用方形的桌布，若觉得单调，可以再叠加一层小的方形桌布，错角铺设，下垂15cm～35cm较美观。

▶ 餐桌为长方形，搭配同为长方形的桌布，看起来更具舒适感和协调感。

第二节

墙面挂饰基础常识与运用

一、常见类别

1. 装饰画

　　装饰画不单单是一种装饰品还是一种艺术，它是室内软装饰中一个非常重要的元素，是家居装饰的点睛之笔。即使是白色的墙面搭配几幅装饰画也可以立刻变得生动起来，装饰画的使用有很多种形式，可以摆放也可以悬挂，可以单独使用也可以成组使用。悬挂装饰画组成照片墙，能够为空间增添浓郁的艺术气息。

▲当感觉墙面有些空白时，悬挂一幅装饰画，就会起到聚焦的作用，使墙面成为空间中的亮点。

2. 挂镜

挂镜也属于室内常用的挂饰之一，它具有实用性和装饰性的双重效果。在恰当的位置放置一面镜子，除了能够让房间看起来更加开阔和宽敞外，还能够为居室增加亮点并进一步强化风格特点。尤其是在带有缺陷的户型中，例如面积窄小、进深过长、开间过宽等，运用挂镜做装饰是最为常用的装饰手法，能够起到掩饰缺点的作用。

◀ 在感觉略有憋闷的空间内，悬挂一面装饰镜，立刻变得灵动起来。

3. 挂毯、壁挂

挂毯也叫作壁毯，制作方式与地毯相同，作室内壁面装饰用。它不仅具有装饰性，还有欣赏性，它所反映出的时代特征又使得这一艺术品具有一定的收藏价值。

壁挂的作用与挂毯类似，但它的制作方法更简单尺寸更小，制作方式多为编织。

4. 工艺品

悬挂的工艺品主要包括挂钟、挂盘及挂饰，其中挂饰的种类非常多样，所有能够悬挂安置的工艺品都可称之为挂饰，它们的主要作用为凸显室内风格特征。如中式风格空间常用的中国结、扇面等做装饰；欧式风格室内常悬挂鹿头、羊头等。

▲ 小一些的壁挂，非常适用在彩色墙面上。

▲ 悬挂性的工艺品，可以让素净的墙面变得有灵动感。

二、装饰原则与手法

1. 装饰画的布置方式

　　装饰画的最终装饰效果与其布置方式有着绝对的关系，正确的布置装饰画才能够起到美化空间的作用，如果装饰画布置的杂乱无章，反而会让空间显得特别杂乱，起不到任何美化作用。

名称	特点	例图
单幅摆放	◎ 适合摆放在主要起到装饰作用的桌、台、几面上，或者不妨碍交通的地面上 ◎ 摆放时装饰画需要有一定的倾斜角度，保证其稳固性 ◎ 此种方式适合尺寸较大的装饰画 ◎ 可同时与花艺、工艺品等其他饰品组合	
多幅摆放	◎ 多幅摆放可分为三种形式：水平摆放、底部平齐高度平齐或不平齐摆放以及叠加摆放 ◎ 比起悬挂布置来说，可选择性较少，但可以加入工艺品或花艺 ◎ 同时使用多幅装饰画时，应有一幅作为主体，使主次分明 ◎ 数量不宜过多、尺寸差距不宜过大，易显得凌乱	
单幅悬挂	◎ 是一种非常常见的布置方式，操作起来比较简单 ◎ 能够让人的视线聚焦到悬挂位置上，让装饰画成为视觉中心 ◎ 面积小和面积大的墙面均可使用此种方式 ◎ 需要掌握好装饰画与墙面的比例 ◎ 除需要覆盖整个墙面的类型外，装饰画的四边都应留有一定的空白	
重复式悬挂	◎ 此种方式是将三幅或四幅造型、尺寸相同的装饰画平行悬挂，作为墙面的主要装饰 ◎ 面积小和面积大的墙面均可使用此种方式 ◎ 三幅装饰画的图案包括边框应尽量简约 ◎ 浅色或是无框的款式更为适合	

名称	特点	例图
水平线式悬挂	◎ 此种方式适合相框尺寸不同、造型各异的款式 ◎ 可以以画框的上缘或者下缘定一条水平线，沿着这条线进行布置，一边平齐即可 ◎ 适合面积较大的墙面 ◎ 特别适合摄影内容的画作 ◎ 大小可搭配选用，统一会显得呆板	
建筑结构式悬挂	◎ 此种方式是沿着门框和柜子的走势悬挂装饰画，或以楼梯坡度为参考线悬挂 ◎ 适合房高较高或门窗有特点的户型，也可用在楼梯间内 ◎ 适合面积较大的墙面 ◎ 装饰画最好是成系列的作品，看起来会比较整齐 ◎ 特别适合摄影内容的画作 ◎ 尺寸相差不宜过多，容易显得杂乱	
对称式悬挂	◎ 此种悬挂方式，将两幅装饰画呈左右或上下对称悬挂 ◎ 适合同系列画面但尺寸不是特别大的装饰画 ◎ 面积小和面积大的墙面均可使用此种方式 ◎ 最保守的悬挂方式，不容易出错 ◎ 适合选择同一内容或同系列内容的画作	
方框线式悬挂	◎ 根据墙面的情况，需要在心里勾勒出一个方框形，并在这个方框中填入画框 ◎ 尺寸可以有一些差距，但画面风格统一最佳 ◎ 适合面积较大的墙面 ◎ 可以放四幅、八幅甚至更多幅装饰画 ◎ 悬挂时要确保画框都放入了构想中的方框中，整体应形成一个规则的方框形	

2. 其他类别挂饰的布置方式

挂饰最常见的装饰手法是悬挂在墙面上，与摆件相比，更容易成为空间内装饰的焦点，尤其是在没有任何造型装饰的墙面上，因此，在进行布置时，应根据其本身的艺术特点选择位置，使其形成焦点。

例如在欧式风格的空间中，壁炉元素是极具代表性的，而在壁炉上方悬挂意见挂饰，即可强化空间内的艺术的气息，同时还可使空间的焦点更突出。

▲ 简欧风格的卧室内，墙面悬挂一个极具现代感的挂饰，彰显出了简欧风格现代的一面，也使床头成为了空间的焦点。

3. 墙面挂饰的装饰原则

（1）根据家居风格选择类型

　　墙面挂饰的聚焦能力很强，会第一时间吸引人们的视线，它的风格宜与家居整体风格相同，否则会让人感觉很突兀。欧式风格的居室适合使用华丽一些的类型，采取比较规律一些的排列方式更符合风格特征；美式风格则可以使用带有做旧感的木质或金属款式，尺寸和排列方式可以适当灵活一些。如果是现代风格，简洁或夸张的款式更适合，排列方式和色彩组合都可以个性一些。

◀ 现代风格的餐厅内，选择一幅抽象装饰画，是非常符合风格特征的选择。

（2）尺寸不宜过满

　　由于挂饰悬挂在墙面上后，较为醒目，如果随意的布置，会显得非常杂乱。通常来说，挂饰所占据的面积不宜超过墙面面积的 2/3，整体比例会比较舒适。如果是装饰画，画框与画框之间的距离为 5cm 较佳，太近显得拥挤，2 米长的墙面布置数量不超过 8 组比较合适。

◀当装饰画的长度较长时，占有的长度为墙面的三分之一左右，视觉比例会比较舒适。

三、功能空间的墙面挂饰选用

1.客厅挂饰

　　客厅中的挂饰多布置在沙发墙一侧，宜将沙发作为中心，两者可存在一些差别。如果沙发色彩素雅，可以选择略为活泼一些的挂饰，想要区别小一些挂饰的色彩则可与沙发一致；若沙发活泼，挂饰的色彩就适合低调一些。大客厅可以选择大尺寸的类型，彰显大气感，小客厅则可以用小尺寸的进行组合，但除装饰画外，其他挂饰的数量不易过多。

◀ 将仙鹤为主题的装饰画，悬挂在沙发墙上，为客厅增添了高洁的气质和浓郁的艺术感。

2.餐厅挂饰

　　餐厅是家人进餐的空间，挂饰的选择可以与墙面的差距略大一些，来增加一些活泼感，有助于增进食欲。例如，一些带有红、黄等暖色的挂饰，但如果觉得过于刺激，则可以选择色调清新柔和、画面干净的类型，让人心情愉悦即可，尺寸不宜过大。

▶ 餐厅内使用暖色为主的装饰画，可以起到促进用餐者食欲的作用。

3. 卧室挂饰

卧室的整体氛围宜柔和、舒适，所使用的挂饰的配色不宜过于个性、刺激，淡雅、舒适的类型是最适合的。通常最佳位置是床头墙或床头对面的墙壁上，数量不宜过多，若为装饰画5幅内最佳，其他挂饰可看尺寸来决定。

4. 书房挂饰

书房中使用的挂饰以能够烘托出安静而又具有学术性的氛围为佳，例如黑白色的摄影画、字母画、淡雅的水墨画或水彩画等。数量不宜太多，尺寸不宜过杂，可悬挂在空白墙或书柜墙中的空白处。

▲卡通图案的装饰画，为卧室增添了些许童趣。

▲书房的空白墙面上，装饰一些挂饰立刻变成了视线焦点。

5. 玄关、过道挂饰

玄关和过道属于家居中主要的交通空间，空间通常不会太大，挂饰的尺寸不宜过大，选择能反应家居主题的类型为佳，可以悬挂，如果有柜子或几案，也可以搭配花艺或工艺品组合摆放。

6. 厨卫挂饰

通常来说，厨卫空间的面积都比较小，空间内的装饰很容易让人有单调的感觉，适合选择配色明快、活泼一些的挂饰，例如装饰画。由于油烟和潮气较多，材质宜选择容易擦洗、不宜受潮的类型，数量1~2个即可。

▲挂饰与家具和工艺品组合后，更具艺术感。

▲厨房悬挂一些趣味性的装饰画，可以缓解烹饪者的劳累。

第三节

工艺摆件基础常识与运用

一、常见类别

　　工艺品的款式非常多，使用的材质也非常广泛，常见的有纺织类、编织类、竹木、金属、陶瓷、水晶、玻璃以及树脂等，每一种材料都有其独特的个性，适合的风格也不尽相同。

名称	特点	例图
玉石工艺品	◎ 以玉或石材为原料，制作手法以雕刻为主，也有一些具有创意的款式会与金属、木质架子组合 ◎ 此类工艺品主要是以各类佛像、动物和山水等主题为主 ◎ 多带有中国特有的美好含义或寓意	
木工艺品	◎ 木工艺品主材为木质坚韧、色泽光亮的各种硬木 ◎ 木工艺品有两大类，一种是实木雕刻的木雕，包括各种人物、动物甚至是中国文房用具等，还有一种是用木片拼接而成的，立体结构感更强 ◎ 优质的木雕工艺品具有收藏价值，但对环境的湿度要求较高，不适合干燥地方	
金属工艺品	◎ 以各种金属为材料制成的工艺品，包括不锈钢、铁艺、铜、金银和锡等 ◎ 款式较多，有人物、动物、抽象形体、建筑等 ◎ 做旧处理的金属具有浓郁的朴实感 ◎ 光亮的金属则非常时尚 ◎ 通常来说，金属材料的工艺品使用寿命较长，对环境条件的要求较少	

名称	特点	例图
陶瓷工艺品	◎ 陶瓷工艺品可以分为两类 ◎ 一是瓷器，款式较多样，主要以人物、动物或瓶件为主，除了正常的瓷器质感，还有一些仿制人理石纹的款式 ◎ 大多制作精美，即使是近现代的陶瓷工艺品也具有极高的艺术价值 ◎ 二是陶器，款式较少，效果比较质朴	
水晶工艺品	◎ 单独以水晶制作或用水晶与金属等结合制作的工艺品 ◎ 水晶的部分具有晶莹通透、高贵雅致的观赏感 ◎ 不同的水晶还具有不同的作用，具有较高的欣赏价值和收藏价值 ◎ 具有代表性的是各种水晶球、动物摆件以及植物形的摆件等	
玻璃工艺品	◎ 现代的玻璃技术发达，玻璃工艺品种类非常多，且具有创造性和艺术性 ◎ 一般分为熔融玻璃工艺品、灯工玻璃工艺品、琉璃工艺品三类 ◎ 造型和色彩可选择性较多，并不限于常见的人物、动物、瓶器，还有一些抽象的造型和非常华丽的款式	
树脂工艺品	◎ 以树脂为主要原料，通过模具浇注成型，制成各种造型美观的工艺品 ◎ 无论是人物还是山水都可以做成 ◎ 还能制成各种仿真效果，包括仿金属、仿水晶、仿玛瑙等 ◎ 比陶瓷等材料抗摔，不会轻易破裂，且重量轻	

二、装饰原则与手法

1. 工艺品的装饰原则

（1）注意秩序感

　　没有装饰效果的工艺品和家具风格冲突的工艺品和身份不相匹配的工艺品均不可摆放。同时，室内工艺品的摆放要注意与绿色植物相辉映，这就是所谓的秩序感，随意的填充和堆砌会产生没有条理、没有秩序的装饰效果。艺术品的布置有序会产生一种节奏感，就像音乐的旋律和节奏给人以享受一样，要注意大小、高低、疏密、色彩的搭配。

◀ 不同尺寸的工艺品形成了错落有致的形态，具有很强的节奏感。

（2）注意比例的协调和均衡

　　小的工艺品具有点状的感觉，处理好了宛如画龙点睛，应该把它们放置在最易牵引视线的位置上。而大墙面上的大艺术品，则有一种统治感、领域感，其中的主题情调将会感染人的情绪，使人身临其境之感。另外，装饰品陈设须注意视觉均衡，可以采用对称法，但对太多对称又会让人觉得呆板、平淡。这时就可以用房中各种物品，包括家具、灯光等来获取一种分量上的均衡。

◀ 茶几上的面积较小，摆放一些小型的工艺品，才能起到点睛的作用，若尺寸过大，则会显得笨拙。

2. 工艺品的装饰手法

工艺品是否美观，除了本身的做工、材质和款式等因素外，摆放手法也是非常重要的，单独看足够精致美观的一件工艺品，如果装饰手法不当，不仅起不到应有的装饰效果，反而可能还会起到相反的效果。

布置工艺品时，可以根据其尺寸采取适合的手法。

一些较大型的反映设计主题的工艺品，可放在较为突出的视觉中心的位置，以起到鲜明的装饰效果，使居室装饰锦上添花。如在客厅的主要墙面上悬挂主题性的装饰物，常用的有兽骨、兽头、刀剑、老枪、绘画、条幅、古典服装或个人喜爱的收藏等。

在一些不引人注意的地方，也可放些工艺品，从而丰富居室表情。如书架上除了书之外，陈列一些小的装饰品，如小雕塑、花瓶等饰物，看起来既严肃又活泼。在书桌、案头也可摆放一些小艺术品，增加生活气息。但切忌过多，到处摆放的效果将适得其反。

◀ 装饰画、工艺品和家具，组成了一个有机的整体，成功塑造了过道中的一处亮点。

三、功能空间的工艺摆件选用

1. 客厅工艺品

　　客厅通常是家居中面积最大的空间，工艺品的选择可能会大小结合，建议一些大型的、具有整体装饰风格代表元素的工艺品，放在较为突出的视觉中心的位置，例如背景墙上；如果觉得有些单调，还可以在一些几、柜的面层上，摆放一些小型的工艺品。客厅选择的工艺品以大气、能够彰显居住者品味的类型为佳。

◀ 客厅中的工艺品，摆放在各处柜、几上，形成了错落有致的层次。

2. 餐厅工艺品

　　如果餐厅内设置有边柜、酒柜等收纳家具，可以在上面摆放一些小型的工艺品，与家居风格相符即可，数量不宜过多；想要趣味性一些可以直接在墙面悬挂一组装饰盘，美观又符合餐厅的功能性。

◀ 在朴素的餐边柜上，摆放一个根雕工艺品，立刻变得不再空旷。

3. 卧室工艺品

卧室内工艺品的最佳摆放位置是斗柜的柜面上，选择一些小型工艺品，既能丰富室内的装饰层次又不会妨碍正常活动；床头柜如果使用频率很高，不建议摆放工艺品，很容易碰落，反而增添麻烦。

4. 书房工艺品

书房需要一些安静的、具有学术性的氛围，宜避免使用一些过于夸张或稚幼的类型，瓶器、装饰品、文房四宝等都是不错的选择。书房中工艺品的最佳摆放位置是书柜或书架上，如果书桌比较大，也可以适当摆放。

▲床头两侧，摆放一些小的工艺品，美观又安全。

▲书架上，工艺品可以和书籍穿插摆放。

5. 玄关工艺品

玄关是室内进出频繁的空间，工艺品的位置应仔细考虑，宜不妨碍交通为宜，通常来说小型工艺品或悬挂类的更合适，最佳位置是玄关桌、柜或鞋柜台面上。若空间宽敞，也可摆放一个具有风格特征的大摆件。

6. 过道工艺品

过道摆放何种尺寸的工艺品主要取决于它的宽度，如果是窄而长的过道，可以在尽头墙面摆放一张案或桌，上方摆放小型工艺品，美观又可调整空间比例；如果过道较宽，可以靠侧墙参照上方方式摆放也可直接落地摆放大型款式。

▲宽敞的玄关内，彰显风格的大摆件增添了趣味性。

▲较为宽敞的过道中，工艺品可与家具和装饰画组合摆放。

室内绿化基础常识与运用

一、常见类别

1. 花艺

花艺根据起源地点的不同，也有其独特的风格划分方式，根据花艺的风格搭配适合的家居风格，能够使花艺更好的融入到环境中，美观而又和谐。总的来说，花艺可以分为西方花艺和东方花艺两个类别，每一种风格的花艺造型和装饰效果均有很大的不同，了解这些特点，能够更好的用花艺来美化室内空间。

（1）西方风格花艺

西洋式插花区分为两大流派：形式插花和非形式插花，形式插花即为传统插花，有格有局，强调花卉之排列和线条，但不太适合家居；非形式插花即为自由插花，崇尚自然，不讲形式，配合现代设计，强调色彩，适合于日常家居摆设。

总体注重花材外形，追求块面和群体的艺术魅力；花材种类多，用量大，追求繁盛的视觉效果；一般以草本花卉为主，布置形式多为几何形式，讲求浮沉型的造型，常见半球形、椭圆形、金字塔形和扇面形等；色彩浓厚、浓艳，营造出热烈的气氛，具有富贵豪华的气氛，且对比强烈。

● 西方花艺

西方花艺起源于地中海沿岸，最早出现于公元前 2000 年尼罗河文化时期，从古希腊直到罗马后期，经历了中世纪的文化停滞时期，14~16 世纪才奠定了现代西洋式插花的基础。

● 东方花艺

东方式插花是以中国和日本为代表的插花。中国插花萌芽于春秋战国时期，距今已有 3000 多年历史，唐代开始在宫廷内盛行，到宋代在民间普及，在明朝达到鼎盛时期；日本花艺起源于 6 世纪，特使小野妹子到中国做文化交流亲善访问，将中国文化带回国，花艺开始兴盛，并逐渐发展出自己的风格和许多流派，包括如松圆流、日新流、小原流、嵯峨流等。

（2）东方风格花艺

东方插花更重视线条与造型的灵动美感，崇尚自然，追求朴实秀雅；构图布局高低错落，俯仰呼应，疏密聚散，作品清雅流畅；花枝少，着重表现自然姿态美，多采用浅、淡色彩，以优雅见长；造型多运用青枝、绿叶来勾线、衬托，色彩以简洁清新为主。

2. 绿植

在家居空间中，摆放一些或大或小的绿色植物，不仅有利于居住者的身体健康，其勃勃生机感更能够美化环境，带给人喜悦的心情。绿色植物的品种非常繁多，但有些仅适合放在阳台等通风空间中观赏，而并不适合摆放在室内，结合需求来选择绿植的品种是非常重要的。

名称	常见品种	特点	例图
多肉类	☆ 仙人掌、仙人球 ☆ 芦荟 ☆ 多肉熊童子、多肉生石花、多肉粉蓝鸟等	◎ 样式可爱、小巧，品种多样 ◎ 喜欢充足的阳光，比较容易养殖 ◎ 可以进行组盆及微景观造型	
蕨类	☆ 铁线蕨、荷叶铁线蕨 ☆ 肾蕨 ☆ 鸟巢蕨 ☆ 大叶凤尾蕨	◎ 适合阴暗潮湿的环境，不宜阳光直射 ◎ 除了单独栽种外，还非常适合做盆景 ◎ 具有药用价值	

名称	常见品种	特点	例图
虎尾兰类	☆ 剑叶虎尾兰 ☆ 金边虎尾兰 ☆ 银脉虎尾兰 ☆ 圆叶虎尾兰	◎ 品种较多，有可落地摆放的品种也有小盆栽 ◎ 株形和叶色变化较大 ◎ 对环境的适应能力强 ◎ 观赏时间长	
藤本类	☆ 常春藤 ☆ 铁线莲 ☆ 藤月 ☆ 蔓长春 ☆ 蔓性天竺葵 ☆ 牵牛等	◎ 可以攀爬，形成一面"绿墙" ◎ 大多数品种在室内养殖时，可以保持四季常青 ◎ 若做小盆栽，非常方便造型	
阔叶类	☆ 龟背竹 ☆ 滴水观音 ☆ 青苹果竹芋 ☆ 琴叶榕	◎ 此类绿植叶片较大 ◎ 有的叶片上带有缝隙 ◎ 特别适合做大型盆栽落摆放 ◎ 装饰效果大气而美观	
长叶类	☆ 富贵竹 ☆ 一叶兰 ☆ 发财树 ☆ 万年青 ☆ 花叶芋 ☆ 龙血树 ☆ 铁树	◎ 此类绿植叶片较长且尽头较尖锐 ◎ 可做小盆栽，但长成后多为大型植物 ◎ 适合单独放置 ◎ 具有很强的装饰效果	
圆长叶类	☆ 橡皮树 ☆ 鸭脚木 ☆ 银皇后 ☆ 豆瓣绿 ☆ 福禄桐 ☆ 变叶木	◎ 叶片整体较长，但尽头较圆润 ◎ 长成后以大型植物为主，幼株也适合做小盆栽 ◎ 给人的感觉很舒缓、平和	

名称	常见品种	特点	例图
细叶类	☆ 文竹 ☆ 袖珍椰子 ☆ 棕竹	◎ 叶片细长而窄，尽头非常尖锐 ◎ 其中棕竹为大型植物，但也不会显得很庞大 ◎ 具有文艺的韵味 ◎ 枝叶可做盆景	
垂钓类	☆ 吊兰 ☆ 绿萝	◎ 枝叶长到一定的长度后开始下垂 ◎ 很适合放在高处，下垂后具有瀑布般的效果 ◎ 占用空间很小，小盆也能放下	
可食用类	☆ 薄荷 ☆ 罗勒 ☆ 猫薄荷 ☆ 迷迭香	◎ 不仅具有装饰作用，同时具有实用性 ◎ 带有奇异的味道 ◎ 可用来泡茶或烹饪 ◎ 薄荷放在室内，还可以醒脑	
花类	☆ 白掌 ☆ 红掌 ☆ 风信子 ☆ 蔷薇 ☆ 月季 ☆ 兰草 ☆ 雏菊 ☆ 山茶花	◎ 此类绿色植物均带有可供观赏的花朵 ◎ 色彩丰富，品种多样 ◎ 能够丰富居室内的色彩层次，活跃氛围 ◎ 不同款式具有不同的装饰效果	
观果绿植	☆ 金桔 ☆ 黄金果 ☆ 紫珠 ☆ 火棘 ☆ 枸骨	◎ 果实形状或色泽具有较高的观赏价值 ◎ 果实各异，色彩多样 ◎ 可以丰富室内装饰层次 ◎ 有些带有吉祥的寓意，适合节庆使用	

二、布置方式

1. 依照绿化本身的特征进行布置

　　从室内绿化的欣赏角度，可将其分为观花、观叶两种，它们的精神内涵以及给人的色彩感受都是不同的，在布置过程中，要根据环境要求进行选择布置；除此之外，植物自身生长的姿态、特征，也决定了布置的方式，如藤本植物与草本植物的布置方式不相同，可采用攀缘、吊挂、下垂、镶嵌等方式。有些植物生长的季节性极强，在布置过程中，要根据植物的季节特征进行布置，如早春应以花为主，缀以青绿；夏季以芳香类为主，配以树桩盆景；晚秋以果实为主，配以叶花；寒冬以看青为主，配以花果，等等。

◀ 将垂钓类植物放在高处的架子上，可以让枝叶成下垂之势，符合其生长特征。

2. 结合家具、陈设等布置绿化

　　室内绿化除了单独落地布置外，还可与家具、陈设、灯具等室内物件结合布置，相得益彰，组成有机整体。比如结合组合柜布置绿化、结合吊灯布置绿化等。人们在居室绿化装饰时习惯于对称的均衡，如在走道两边、会场两侧等摆上同样品种和同一规格的花卉，显得规则整齐、庄重严肃。

◀ 家具周围摆放几盆绿植，互相映衬，更具生趣。

3. 沿窗布置绿化

靠窗布置绿化，能使植物接受更多的日照，并形成室内绿色景观。可以作成花槽或低台上置小型盆栽，也可以沿着窗的方向摆放一棵大型的植物。

◄ 餐厅内，沿窗的方向布置一个超大型绿植，即可保证植物的生长需求，又可成为室内的一处景色。

4. 组成背景、形成对比

绿化的另一作用，就是通过其独特的形、色、质，不论是绿叶或鲜花，还是铺地或屏障，集中布置成片的背景。例如在客厅沙发的一侧摆上一盆较大的植物，另一侧摆上一盆较矮的植物，同时在其近邻花架上摆上一悬垂花卉。这种布置虽然不对称，但却给人以协调感，视觉上认为二者重量相当，仍可视为均衡。这种绿化布置得轻松活泼，富于雅趣。

▶ 沙发一侧，利用置物架和地面，分别摆放了不同类型的绿植，上下呼应，为室内增添了雅趣。

三、室内绿化的作用

1. 净化空气、调节气候

　　植物经过光合作用可以吸引二氧化碳，释放氧气，而人在呼吸过程中，吸入氧气，呼出二氧化碳，室内摆放植物可使大气中氧和二氧化碳达到平衡，同时通过植物的叶子吸热和水分蒸发可降低气温，在冬夏季可以相对调节温度，在夏季可以起到遮阳隔热作用。此外，某些植物可吸收有害气体，从而能净化空气，减少空气中的含菌量。

◀卧室内摆放少许具有净化空气作用的绿植，有利于身体健康。

◀小餐厅内可摆放一些小型植物，来调节室内空气。

2. 突出空间的重点

在室内各处的背景墙、走道尽端等处，均为空间中的重要视觉中心位置，是引人注目的位置，因此，可以放置特别醒目的、更富有装饰效果的，甚至名贵的植物或花卉，来起到强化空间、重点突出的作用。但需注意的是，位于室内交通路线内的绿化，不能妨碍室内正常交通。

还需注意的是，在选择植物时，应按空间大小形状考虑。如放在狭窄的过道边的植物，不宜选择低矮、枝叶向外扩展的植物，否则，既妨碍交通又会损伤植物，因此应选择与空间更为协调的修长的植物。

◀ 玄关中柜子是装饰的重点，在旁边摆放一盆绿植，可使其更加突出。

3. 美化环境、陶冶情操

绿色植物所显示出蓬勃向上、充满生机的力量，引人奋发向上，热爱自然，热爱生活。一定量的植物配置，使室内形成绿化空间，让人们置身于自然环境中，享受自然风光，不论工作、学习、休息，都能心旷神怡，悠然自得。同时，不同的植物种类有不同的枝叶花果和姿色，可烘托出不同的气氛，例如春节时，摆放鲜红的桃花或金桔，即可给室内带来喜气洋洋、欢乐的节日气氛。

◀ 在室内摆放一些绿化后，在充足阳光的照射下，使人仿佛置身于大自然中，心旷神怡。

四、功能空间的绿化方法

1. 花艺的布置方法

（1）客厅花艺

客厅是家居空间中花艺布置的重点区域，花材持久性宜高一点，不要太脆弱。茶几、边桌、角几、电视柜、壁炉等地方都可以用花艺做装饰，在一些大物体的角落，如壁炉、沙发背几后也可以摆放。

茶几上的花艺不宜太高，其他位置摆放的花艺可以从中线上稍偏一些为佳。小型花艺、绿植可摆放在台面上，大型可放在地面，如果觉得层次不够丰富还可加入垂吊类。

◄ 客厅花艺摆放在茶几上时，不能阻挡人的视线。

（2）餐厅花艺

餐厅花艺主要摆放位置为餐桌，所以花艺的气味宜淡雅或无香味，以免影响味觉。

餐桌上宜选用能将花材包裹的器皿，以防花瓣掉落，影响用餐的卫生；花艺高度不宜过高，不要超过对坐人的视线，圆形的餐桌可以放在正中央，长方形的餐桌可以水平方向摆放。

► 餐厅花艺不能有明显的香味，会影响食欲，同时，还应考虑花艺的卫生问题。

（3）卧室花艺

　　卧室摆设的插花应有助于创造一种轻松的气氛，以便帮助人们尽快恢复一天的疲劳。花艺的花材色彩不宜刺激性过强，花型不宜过于复杂、华丽，选用色调柔和的淡雅花材搭配简单的造型为佳。

◀ 卧室花艺可摆放在窗台或者床头柜上。

（4）书房花艺

　　书房的作用是学习和工作，需要宁静幽雅的环境，在小巧的花瓶中插置一二株色淡形雅的花枝，或者单插几枚叶片、几株野草，倍感幽雅别致。凤铃草、霞草、桔梗、龙胆花、狗尾草、荷兰菊、紫苑、水仙花、小菊等花材均宜采用。

▲书房中摆放的花艺，尺寸不宜过大，可放在桌面或柜面。

（5）玄关、过道花艺

　　玄关和过道中的花艺主要摆放位置为柜体或几案上方，高度应与人的视线等高，主要展示的应为花艺的正面，建议采用的是扁平的体量形式。花艺和花器的颜色根据室内风格选择协调即可。

▲欧式风格的居室，过道选择了西方风格花艺。

（6）厨卫花艺

　　在厨房和卫浴间中摆放一些花艺，能够提高生活品质，让人心情愉悦。这两个空间通常面积都不会很大，花艺适合摆放在窗台、橱柜台面、面盆及浴缸台面等处，不宜太高大，避免妨碍正常活动，色彩、造型宜与整体相协调。

▲厨房和卫浴间中的花艺，应尽可能摆放在角落或边部，以免妨碍人在其中的正常活动。

2. 绿植的布置方法

（1）客厅绿植

客厅作为接待客人的空间面积，通常比较宽敞，可选择一株或者两株大型植物放在墙角处或沙发旁边，来美化环境并陶冶情操。但需注意的是，其摆放的位置不能影响室内交通和视线。

▶ 客厅如果面积充足，可选大型的绿植摆放在角落，或电视柜两侧，能够美化环境并增添自然气息。

（2）餐厅绿植

餐厅不适合摆放一些带有香味和异味的植物，如果餐厅面积够大，可以在角落摆放大、中型的盆栽；小餐厅选择小盆栽，也可以选择垂直绿化的形式，以带有下垂线条的植物点缀空间。

◀ 如果餐厅内有餐边柜，小型绿植可与装饰画、工艺品等组合摆放。

室内软装搭配与布置

（3）卧室绿植

卧室是用来休息的地方，在选择植物时需要注意避免选择释放有害气体、有香味、带尖刺或者大量释放二氧化碳的植物，避免大型植物，尽量选择小型植物。

◀ 卧室适合摆放小型或微型的盆栽，可放在床头柜、斗柜或窗台上。

（4）书房绿植

书房是需要相对安静一些的环境，不建议多摆放植物，也不建议摆放大型植物，可以在书桌或者书橱上摆放比较文艺的小绿植，最好不要选择开花的种类。

（5）厨卫绿植

在厨房和卫生间中，摆放一些绿植可以使人感觉空气更清新，提升生活品质。摆放原则与花艺类似，适合选择体型较小的类型，摆放在台面或靠边的家具上。

▲ 书房内摆放一个造型盆景，增添了艺术气质。

▲ 厨房中摆放一组绿植，可以缓解烹饪带来的疲劳感。